AF634150

HELKE BRANDT

Was will mir meine Katze sagen?

Mit neuen Erkenntnissen aus der Tierkommunikation unsere Katzen besser verstehen

HELKE BRANDT

Was will mir meine Katze sagen?

Mit neuen Erkenntnissen aus der Tierkommunikation unsere Katzen besser verstehen

»Ob Sie glauben, dass Sie es schaffen, oder glauben, dass Sie es nicht schaffen … Sie werden in jedem Fall recht behalten.«

(frei nach Henry Ford)

GEFLÜSTER MIT TIEREN – HELKE BRANDT

Meine Tiere, mein Leben haben mich immer wieder vor neue Herausforderungen gestellt – und tun es heute noch! Das Wunderbare daran: An jeder Krise oder Kompliziertheit, an jeder Problematik können wir (über uns hinaus) wachsen und damit dem kraftvollen Teil in uns und unserer wahren Natur immer ein Stückchen näher kommen.

Als Tochter einer Kulturwissenschaftlerin und eines Tierarztes bin ich mit meinem Bruder mitten im Zoo Hannover aufgewachsen – im Spannungsfeld von kunsthistorischer Ästhetik und tierischen Instinkten. Unterschiedlichste Tiere, die von ihren Müttern verstoßen wurden, haben wir mit der Hand aufgezogen. Aber angetan haben es mir immer die Katzen:
Vom Schwarzen Panther, Sibirischen Tiger, von Jaguaren, Geparden, Ozelots, Salzkatzen und »ganz normalen Hauskatzen« – sie alle haben mein Herz im Sturm erobert, und ich habe unendlich viel über sie auf kindliche und intuitive Weise lernen dürfen.

In die Wiege gelegt

Heute ist ein Zoo und jegliche Gefangenschaft von (Wild-)Tieren für mich ein Ausdruck menschlichen Größenwahns und mangelnder Empathie. Tiere sollten dort leben können, wo sie hingehören – und trotzdem: Ich bin zutiefst dankbar für die Kindheit unter meinen animalischen Freunden.

Mit einem Jaguarbaby auf dem Schoß Klavier zu spielen, mit einem jungen Bären in der Badewanne zu liegen oder mit einer Ziege Ball zu spielen – all das war für mich ganz normal. Ich weiß, dass damals die Wurzeln für meine kommunikative Fähigkeit mit Tieren gelegt worden sind – war es doch ganz selbstverständlich, sich mit allen Tieren wortlos und intuitiv zu verständigen. Die intensive Bindung und die unermessliche Liebe zu Tieren ist mir im wahrsten Sinne des Wortes in die Wiege gelegt worden.

Verantwortungsvolle Übersetzerin

Mit Kommunikationsformen im weitesten Sinne beschäftige ich mich seit einigen Jahrzehnten: als Kommunikationsdesignerin, als systemischer Coach und psychoanalytische Kunsttherapeutin, als Tierkommunikatorin und als Überbringerin von Botschaften aus der geistigen Welt.

Meine Intention: nicht über Tiere reden, sondern mit ihnen

Mir liegt es am Herzen, Ihnen die Komplexität der Einflüsse, die wir im Zusammenleben mit Haustieren beachten sollten, aufzuzeigen. Sobald sich Probleme mit unseren Tieren entwickeln, neigen wir dazu, mit ihnen in unserer Sprache zu sprechen, ihnen Anweisungen zu geben, und geben uns selten die Mühe, das zu verstehen, was die Tiere uns erzählen. So läuft die Kommunikation zwischen Menschen und Tieren häufig wie in einer Einbahnstraße. Aus meiner Sicht ist es immer hilfreich, mit Tieren direkt zu kommunizieren oder/und in ihrer Aura zu »lesen«.

Verhaltensforscher vergleichen die kognitiven Fähigkeiten von Menschen und Tieren und halten prinzipiell am Sonderstatus des Menschen fest. Sie vergleichen dabei primär Intelligenz, Rationalität und als ganz entscheidendes Kriterium die Sprache. Aber wer sorgt dafür, dass das, was gemessen wird, ein fairer oder der richtige Maßstab ist? Was können wir überhaupt über das Bewusstsein, die kognitiven Fähigkeiten von Tieren wissen, wenn wir nicht direkt mit ihnen sprechen (wollen)?

Letztendlich ist es selbstverständlich das menschliche Bewusstsein, in diesem Fall mein eigenes, das mir vorgaukeln könnte, in der Lage zu sein, interspecies zu kommunizieren.

Meine Erfahrungen mit den Tieren und ihren Haltern zeigen mir aber tagtäglich, dass die Kommunikation zwischen unterschiedlichen Spezies möglich ist – und zwar in dem Moment, in dem wir uns erlauben, es zu tun.

In dem Moment, in dem wir eine Kohärenz zwischen unserem Verstand und unserem Herzen herstellen können und offen dafür sind wahrzunehmen, was das Herz weiß.

Nicht lösbar?

Die natürliche Welt auszubeuten, hat uns in eine Lage dramatischer Krisen und an den Rand absoluter Vernichtung allen Lebens auf diesem Planeten geführt. Das Infragestellen der beherrschenden Rolle des Menschen auf der Erde scheint zumindest erlaubt.
Das Zitat »Probleme kann man niemals mit derselben Denkweise lösen, durch die sie entstanden sind« von Albert Einstein ist derzeit in aller Munde. Aber: Wie kommt das Neue in die Welt? Das Neue, durch das sich unsere komplexen Probleme lösen ließen? Hirnforscher haben erwiesen, dass kreativ zu sein, nicht bedeutet, Neues zu erfinden, sondern vielmehr bereits Vorhandenes auf neue Weise miteinander zu verknüpfen. Und so verstehe ich die globalen Krisen als Aufforderung des Universums, nach neuen Möglichkeiten von Kooperationen und einem substanziellen Perspektivwechsel zu suchen.

Für mich liegt ein Schlüssel für das Entfalten unserer Potenziale im Austausch mit anderen Kulturen sowie nicht-menschlichen Gemeinschaften, um das hier wie dort vorhandene Wissen miteinander verknüpfen zu können. Es geht um ein Wiederentdecken unserer Verbindung zu Tieren, der Natur und zu unserer wahren Kreativität und um das Entdecken energetischer Zusammenhänge in unserem Leben mit Tieren.

Wie im Großen so im Kleinen

Auch mit unseren Haustieren kann es zu Problematiken kommen, die mit bekannten Methoden nicht lösbar scheinen und bei denen eine zusätzliche, spirituelle Sicht auf die Dinge neue Perspektiven offerieren kann oder Teil der

Lösung ist. Mit diesem Buch möchte ich ermutigen, all die Probleme, die Sie möglicherweise mit Ihren Katzen haben, in einem vollkommen neuen Licht zu betrachten: als Geschenk an Sie, sich mit sich selbst und Ihrem Tier auseinanderzusetzen.

Was bietet dieses Buch?

Das Buch ist kein Nachschlagewerk, da jede Komplikation zwischen Katzen und ihren Menschen einzigartig ist. Und doch werden die beschriebenen Kommunikationen mit Katzen und Ratschläge für ihre Halterinnen und Halter mit Sicherheit »Aha-Momente« auslösen, da viele Problematiken sich zumindest ähneln oder in Teilen analog sind.
Den roten Faden dieses Buches bilden die unterschiedlichen Einflüsse, die auf Ihre Katzen wirken. Wie sich diese Einflüsse auswirken können, wird Ihnen durch Kommunikationen mit Katzen, erklärenden Know-how-Texten sowie praxisbezogenen Übungen beschrieben. Sobald Sie sich aller potenziellen Aspekte, die zu Problemen mit Ihrer Katze geführt haben, bewusst sind, werden Sie selbst Lösungsansätze finden, mit der Vergangenheit und dem IST Frieden schließen und einen Weg in eine neue gemeinsame Zukunft mit Ihrer Katze gehen können.

Alle Fallbeispiele der Kommunikationen mit Katzen stellen nur Teilaspekte dar. Unabhängig von den Fragen, die Tierhalter an ihre Katzen haben, lasse ich den Samtpfoten immer zunächst den Raum und die Zeit, IHRE Geschichte zu erzählen, Einblicke in das zu geben, was für sie wichtig ist. Je nach Themenstellung gehören eine energetische Analyse des Organ- und Chakrensystems, eine Analyse des Wohnungs- oder Hausgrundrisses mit eingezeichneten Ressourcen und Problembereichen sowie eine Systemische Aufstellung (→ Seite 90) für mich zum »Gesamtpaket« einer Kommunikation dazu.

Wichtig zu erwähnen ist an dieser Stelle: Eine energetische Tierkommunikation ersetzt bei (potenziellen) Krankheiten nicht den Besuch bei einem Tierarzt, Tierheilpraktiker oder anderen Therapeuten. Tierkommunikation ist auch kein Instrument, eine veterinärmedizinische Diagnose zu stellen, noch das Mittel der Wahl, sollte die Kinderstube Ihrer Katze noch einen gewissen Feinschliff benötigen.

Es ist kein Zufall, dass Sie dieses Buch in den Händen halten. Sie erfahren auf den folgenden Seiten nämlich Folgendes:

- *Fallbeispiele von Kommunikationen mit Katzen zu unterschiedlichsten Problematiken: Katzen kommen zu Wort und geben uns Einsichten in ihre Gefühlswelt, Weisheit und Weitsichtigkeit.*
- *Übersicht und Erläuterung aller Einflüsse, die auf unsere Katzen wirken*
- *Spirituelle und (pseudo-) wissenschaftliche Sicht zu Problematiken*
- *Sichtbarmachung und Beschreibung energetischer Zusammenhänge bei der Ursachenfindung von belastenden Situationen*
- *Know-how zu Bedürfnissen von Katzen auf materieller und energetischer Ebene*
- *Übungen und Tipps zum Ausprobieren und Experimentieren*

Abschließend noch ein wichtiger Hinweis: Aus Gründen der besseren Lesbarkeit wird in diesem Buch – ganz bewusst und ohne Wertung – auf den Gebrauch geschlechtergerechter Formulierungen verzichtet. Es gibt also keine Gendersternchen, Schrägstriche oder dergleichen im Schriftbild, denn das sorgt vor allem in Sachbüchern oft für Verwirrung.

Selbstverständlich richten sich aber sämtliche Personenbezeichnungen und personenbezogenen Wörter in den nachfolgenden Texten gleichermaßen an Frauen, Männer und alle, die sich keinem dieser Geschlechter zuordnen.

Viel Spaß beim Lesen!

Ihre

CATCHAT – MIT KATZEN SPRECHEN

Tracking, die Spurensuche, ist die Urform der Tierkommunikation und eine uralte Kunst unserer Vorfahren, die als Jäger in der Lage waren, sich in Tiere hineinzuversetzen.

Jede Samtpfote ist einzigartig. Erfahren Sie, wie Sie sich in Ihre Katze hineinversetzen können, um ihr Verhalten verstehen und mit ihr kommunizieren zu können.

NEUE SICHTWEISE DURCH PERSPEKTIVWECHSEL

Sind Sie bereits ein ausgefuchster Katzenexperte, oder halten Sie in diesem Moment Ihr erstes Katzenbaby auf dem Arm? Fliegen zwischen Ihren beiden Katzen die Fetzen – Katzen, die sich zuvor jahrelang auf Ihrem Sofa aneinandergekuschelt haben? Oder sind Sie seit Monaten verzweifelt, weil Ihr vierbeiniger Liebling die gesamte Wohnung zur Katzentoilette deklariert zu haben scheint? Egal, ob Sie akute oder schon länger währende Probleme mit Ihrer Katze haben, ob Sie die Beziehung zu Ihrem animalischen Mitbewohner verbessern oder Sie »hinter die Kulissen« seines Verhaltens blicken möchten: Ich würde Sie gerne in eine Welt begleiten, die Ihnen die Komplexität der Beziehung zu Ihrer Katze zeigt und Ihnen neue Perspektiven im Verhältnis zu ihr eröffnet.

Unterschiedliche Einflüsse auf Ihre Katze

Mit diesem Buch möchte ich Ihnen aufzeigen, welche Aspekte das

Wenn Sie verwilderte Katzen beobachten, bekommen Sie einen tiefen Einblick in das Verhalten Ihrer Samtpfote.

Unterschiedliche Einflüsse wirken auf das Wohlbefinden der Katze ein und fördern ein harmonisches Miteinander.

Wussten Sie, dass ...

es diverse ineinandergreifende und sich gegenseitig verstärkende Einflüsse gibt, die auf das Wohlbefinden Ihrer Katze wirken? Beispielsweise:

- Ganzheitliche Gesundheit
- Beziehungen und energetische Verbindungen zu ihren Menschen und anderen Tieren im Haushalt
- Lebensumfeld
- Genetik
- Sozialisation und Erlebtes (Trauma u. a.)
- Nahrung
- Rhythmus aus Schlaf, Bewegung und Beschäftigung

Wohlbefinden von Katzen beeinflussen und für ein harmonisches Miteinander von Bedeutung sein können. Dafür werde ich Ihnen die für Sie nicht sichtbaren und unbewussten Prozesse im Zusammenleben mit Ihrem Tier ins Bewusstsein holen. Die Bandbreite möglicher Gründe für sogenanntes Problemverhalten und deren Verkettung erfordert eine detaillierte Ursachenforschung. Die Lösung der Probleme liegt dabei häufig in einer Kombination von unterschiedlichen Therapieformen, Methoden und dem engagierten und kontinuierlichen Mitwirken und der Geduld von Ihnen als Tierhalter – sich selbst und dem Tier gegenüber. Wenn eine Katze beispielsweise unsauber ist, kann es sein, dass erstens ihre Toiletten an ungeeigneten Positionen stehen, zweitens die Katze durch einen tragischen Vorfall in der Vergangenheit traumatisiert ist und und drittens die Menschen um sie herum turbulente, lebensverändernde Zeiten erleben. Eine singuläre Maßnahme, wie die Katzentoiletten an anderer Stelle zu positionieren, kann in diesem Fall zwar eine Besserung bringen, aber vermutlich nicht den gewünschten Effekt.

Wir alle sind zugleich materielle und energetische Wesen

Tiere – ganz speziell unsere Haustiere – spielen im Leben von uns Menschen eine große Rolle. Sie beschenken uns nicht nur mit ihrer bedingungslosen Liebe, sie können uns auch die größten Lehrer sein, indem sie uns an der Vielschichtigkeit ihres Denkens, Fühlens und Wissens und der Weisheit ihrer Seelen teilhaben lassen. Nicht selten verbirgt sich hinter einem für uns auffälligen Verhalten oder einer Krankheit eine Botschaft, die das Tier uns auf diese Weise übermitteln will.
Wir alle, Menschen wie Tiere, sind materielle (mit unseren Körpern) und gleichzeitig spirituelle Wesen. Wir leben in einer materiellen UND einer geistig-energetischen Welt, deren Wechselwirkungen ich Ihnen aufzeigen möchte. Denn beide haben einen unmittelbaren Effekt auf unser Leben. In der telepathischen, intuitiven Kommunikation mit unseren Tieren können wir erfahren, was in ihnen vorgeht, wie sie sich fühlen oder was sie sich von uns wünschen, und erhalten auf diese Weise wertvolle

Katzen lieben es zu klettern – wo immer sie dazu Gelegenheit bekommen.

Wussten Sie, dass …

es keine einstimmige Definition für die Bedeutung von Spiritualität gibt? Der Wortstamm »spiritus« kann übersetzt werden mit »Leben, Atem, Seele, Geist und Selbst-Bewusstsein«. Spiritualität würde ich mit unserer Beziehung zur geistigen Welt, mit allem Formlosen, Transzendenten, Göttlichen beschreiben, mit unserer Fähigkeit, sich in Liebe mit allem, was ist, zu verbinden. Spiritualität ist für mich die Berührung durch eine tiefere Bewusstseinsebene des Seins.

Anhaltspunkte über die aktuelle Verfassung der Tiere. Über den direkten Dialog mit dem Tier hinaus kann das Lesen in Aura und Chakren (psychic reading) weitere Eindrücke des Befindens auf seelischer, emotionaler und mentaler Ebene vermitteln. Durch das Lesen im Energiesystem können beispielsweise energetische Ungleichgewichte, die zu auffälligem Verhalten oder Krankheiten unserer Katzen führen können, erspürt werden, bevor sie über schulmedizinische Diagnosemethoden erkennbar werden.

Ihre persönliche Entwicklung

Nicht selten fordern uns unsere Tiere durch ihr Verhalten oder auch durch ihre Krankheiten auf, uns persönlich in kleinen oder großen Schritten weiterzuentwickeln. Sobald wir eine bewusste Entscheidung für unsere eigene Veränderung gefällt haben und bereit sind, uns aus belastenden Lebenssituationen zu befreien, können wir in der Regel die positiven Auswirkungen unserer eigenen Veränderung auf unsere Tiere wahrnehmen. Die Tiere werden gesünder, das Verhalten ändert sich auf erfreuliche Weise. Aber bitte erwarten Sie von Ihrer Katze keine Kapriolen und eine sofortige, unmittelbar für Sie wahrnehmbare Verhaltensänderung oder Genesung ob Ihrer persönlichen Wandlung. Jedes Wesen – ob Mensch oder Tier – hat unabhängig von äußeren Einflüssen »eigene Themen« in eigenem Tempo zu lösen. Und bleiben Sie mit Ihrem persönlichen »Aufräumprozess« am Ball, selbst wenn Sie das Gefühl bekommen sollten, es tut sich bei Ihrer Katze gar nichts. Es kommt immer wieder vor, dass Veränderungsprozesse sehr subtil verlaufen.

WAS IST EINE **TIERKOMMUNIKATION?**

Tiere untereinander verständigen sich durch optische, akustische, olfaktorische und taktile Signale. Wir beschränken uns im Allgemeinen auf verbale (Gesprochenes, Laute) und gestische (Körpersprache, Mimik, Blickkontakt) Kommunikation in der Interaktion mit unseren Tieren. Dabei gibt es eine weitere Möglichkeit, in Kontakt zu treten, nämlich die telepathische Kommunikation (im Folgenden nur »Tierkommunikation« genannt). Tierkommunikation ist eine intuitive, telepathische Übermittlung von Informationen zwischen Mensch und Tier. Sie ist ein dialogisches Senden und Empfangen von Botschaften in Form von Bildern, Gedanken, Worten und Emotionen, Geräuschen oder Gerüchen ohne das Einbeziehen der Sinnesorgane. Die Fähigkeit, intuitiv wahrzunehmen, ist Teil unseres menschlichen biologischen Erbes, das wir mit vielen anderen nichtmenschlichen Arten teilen. Intuition überwindet die Grenzen der Verständigung zwischen Mensch und Tier und lässt uns – auch über größte Entfernungen hinweg – miteinander in Austausch treten. Tierkommunikation funktioniert also unabhängig von Raum und Zeit.

Was eine Tierkommunikation bewirken kann

Durch eine telepathische Kommunikation mit einem Tier kann ich einen präzisen Eindruck darüber gewinnen,

Wussten Sie, dass …

sich Telepathie als das Phänomen der Gedankenübertragung, der Vermittlung von Informationen, Ideen, Eindrücken, Gefühlen, Stimmungen und Gedanken zwischen Lebewesen ohne Beteiligung der fünf physischen Sinnesorgane und unabhängig von räumlicher Entfernung, versteht? Inhalte werden dabei in Form von Bildern, Symbolen oder Worten gesendet. Jeder Mensch, jedes Tier, jedes Wesen des grünen Kosmos besitzt telepathische Fähigkeiten.

wie sich ein Tier fühlt, kann Ursachen beispielsweise von Krankheiten und für Verhaltensauffälligkeiten erkennen und so wertvolle Hinweise für eine Behandlung, ein Training oder eine Therapie sowie notwendige Veränderungen im Umfeld erhalten.

Formen energetischer Wahrnehmung

Informationen über beispielsweise Erlebtes oder derzeitig belastende Situationen, über Wünsche und Bedürfnisse oder auch Ungleichgewichte und Schmerzen im Körper eines Tieres empfange ich in unterschiedlichen Formen energetischer Wahrnehmung.

Im direkten Dialog mit dem Tier sowie durch das Lesen in der Aura und den Chakren (Lichtwirbel in Menschen und Tieren, über die Energie aufgenommen, abgegeben und mit der Natur ausgetauscht wird) erfahre ich auf der körperlichen Ebene etwas über die physischen Befindlichkeiten des Tieres und eventuelle energetische Blockaden ebenso wie Vorlieben bezüglich des Futters und des Wohnumfeldes. Auf emotionaler Ebene kann mir das Tier Einblick in seine Gefühlswelt geben und alle Gefühle beschreiben, die es bewegen, wie beispielsweise Liebe, Freude, Traurigkeit oder Eifersucht.

In der Kommunikation auf seelischer Ebene erhalte ich Informationen, die dem Tier in der Regel nicht bewusst sind. Auf dieser Ebene kann ich etwas über den Seelenweg Ihrer Katze erfahren, über die Erfahrungen, die sie in diesem Leben machen möchte, sowie über die Aufgaben, die sie im Zusammenleben mit Ihnen übernommen hat. Häufig erhalte ich von der Seele des Tieres Botschaften von tiefer Weisheit.

Zur Kontaktaufnahme und für die Kommunikation mit Ihrer Katze benötige ich nur den Namen und ein Foto Ihres Lieblings.

Wusssten Sie, dass …

Intuition ein göttliches Geschenk ist? So jedenfalls beschrieb es der geniale Albert Einstein in seinem Zitat: »Intuition ist ein göttliches Geschenk. Der denkende Verstand ein treuer Diener. Es ist paradox, dass wir heutzutage angefangen haben, den Diener zu verehren und die göttliche Gabe zu entweihen.«

Nicht ganz bei Verstand sein …

Da Intuition eine uns angeborene Fähigkeit ist, können wir alle grundsätzlich telepathisch mit Tieren kommunizieren. Es ist in diesem Sinne nichts Besonderes. Jede und jeder hat die biologische Voraussetzung, feinstoffliche Energien wahrzunehmen. Aber: Es gibt dabei – wie könnte es auch anders sein – einen nicht unerheblichen Haken! Wir haben uns so sehr daran gewöhnt, unsere fünf physischen Sinne, unseren Verstand und Intellekt einzusetzen, um äußere Impulse aufzunehmen, zu analysieren und auf sie zu reagieren, dass wir verlernt haben, einer der reichsten Informationsquellen zu vertrauen: unserer Intuition. Intuition zeigt sich als innere Stimme, Geistesblitz oder sogar unmittelbares Wissen. Sie zeigt sich als Impuls der Seele, als ihre Sprache und steht für ein spontanes, ganzheitliches Wahrnehmen und Handeln. Häufig wagen wir es aber nicht, unserer Intuition zu folgen.

Intuition tropft auf Wissen und Lebenserfahrung

Wenn wir von einem Geistesblitz berührt werden, fügen sich gelebte Eindrücke, Erfahrungen und unser Wissensschatz im Nullkommanichts zu einem neuen Bild über die Wirklichkeit zusammen.
Ich bin davon überzeugt, dass sich mit Hilfe unserer Intuition die zunehmend komplexer werdende Welt durchdringen ließe, denn Intuition erfasst immer das Ganze. Wir wären in Zeiten Künstlicher Intelligenzen in der Lage, Lüge von Wahrheit, Falsches von Echtem sehr leicht zu unterscheiden.

Kinder denken nicht darüber nach, sie tun es mit natürlichem Selbstverständnis: Sie kommunizieren mit Tieren – einfach, weil sie es können.

Helle Sinne

Sie spüren es, wenn es Ihrer Katze nicht gut geht? Sie spüren an der Stimme Ihrer Freundin am Telefon, dass sie traurig ist, aber so tut, als wäre sie es nicht? Mit Ihrer energetischen Sensitivität, also der Fähigkeit, »Energie« zu spüren, kommunizieren Sie bereits – mit Mensch und Tier.

Hellfühlen

Für mich ist das Hellfühlen das Einstiegstor zu allen anderen hellen Sinnen (außer des Hellwissens). Durch das Einfühlen, dem Spüren der Körperempfindungen oder Emotionen Ihres Tieres im eigenen Körper schlüpfen Sie quasi in das Energiesystem hinein. Durch Ihr körperliches Einfühlungsvermögen ist es Ihnen möglich, die Welt Ihrer Katze zu erleben – und zwar mit allen weiteren hellen Sinnen. Die Informationen, die Sie durch das Einfühlen erhalten, werden dann in Ihrem Gehirn in einen oder mehrere der folgenden hellen Sinne gewandelt.

Hellsehen

Hellsichtige sehen Bilder vor dem inneren Augen – oftmals als Licht, Farb- und Formspiel oder auch in Form von Symbolen. Die wahrgenommenen Bilder können einfach oder sehr komplex sein, sogar filmähnliche Sequenzen können wahrgenommen werden.

Hellhören

Verbal-Intuitive empfangen Botschaften, die innerlich, mit dem inneren Ohr hörbar sind: Worte, Klänge und Geräusche. Es kann auch vorkommen, dass Kommentare oder längere Texte, die das Tier sendet, wahrgenommen werden.

Hellriechen und Hellschmecken

Über diese beiden Hellsinne können Gerüche bzw. geschmackliche Eindrücke wahrgenommen werden.

Hellwissen

Hellwissen ist die Königsdisziplin: Menschen, die diesen hellen Sinn ausgeprägt haben, wissen es einfach … Hellwissen ist eine multidimensionale Erfahrung. In der Zeit, in der sich dieser helle Sinn ausprägt, ist es wichtig, die Unterscheidung von eigenen Gedanken oder Einbildungen zu lernen.

Alles zu seiner Zeit

Der Prozess der Entwicklung Ihrer hellen Sinne wird keineswegs geradlinig verlaufen. Was gestern noch funktionierte, kann heute wie blockiert sein. Hier ist Geduld angesagt. Geduld mit sich selbst und ein »Vorschuss-Vertrauen« in die eigenen Fähigkeiten sind deshalb wichtige Voraussetzungen für die Entfaltung Ihrer intuitiven, sensitiven und medialen Begabungen.

Und jetzt Sie ...

Entwicklung Ihrer hellen Sinne

Sie brauchen dazu kein »fancy Kostüm«, keine Räucherstäbchen und keine bunten Sitzkissen, sondern nur Ihre Abenteuerlust, den Spaß, es einfach auszuprobieren, und Geduld beim Üben, Üben, Üben ... Dabei können Sie erfinderisch sein und Ihrer Fantasie freien Lauf lassen. Einige Beispiele finden Sie hier.

So klappt es

- Erspüren Sie, von wem die eben auf Ihrem Handy eingegangene Nachricht gesendet worden ist oder wer am Telefon sein könnte, wenn es klingelt, oder
- Fragen Sie eine Freundin oder Ihren Partner, ob Sie erspüren dürfen, was sie in den vergangenen Stunden erlebt haben, bevor sie es Ihnen erzählen, oder
- Greifen Sie blind in Ihr Gewürzregal und riechen Sie, welches Aroma Sie gerade in der Hand halten.

HINWEIS: Das Wahrnehmen mit Ihren hellen Sinnen ist kein Ratespiel, sondern ein Sich-Hineinfühlen in die Situation oder eine Person. Für das erste Üben kann es hilfreich sein, kurz die Augen zu schließen, einige Male tief ein- und auszuatmen und dann ... ganz spontan auszusprechen, was Sie gerade »empfangen« haben. Und: Lesen Sie bitte niemals ungefragt im energetischen Feld einer Person oder eines Tieres.

Die telepathische Begegnung ist mit jedem Tier unabhängig von räumlicher Entfernung möglich, wenn Sie sich Ihren hellen Sinnen öffnen. Trauen Sie sich!

Intuition ist Herzintelligenz

Das Herz kann in unterschiedlicher Weise gedeutet werden: Es gibt das physische, das emotionale und das seelische, spirituelle Herz.

Das physische Herz ist das Organ in unserer Brust, das par excellence für unsere Vitalität und unser Leben steht und der wichtigste Muskel in unserem Körper ist. Es steuert die harmonische Zusammenarbeit der wesentlichen Körpersysteme, wie etwa unsere Gehirnfunktion, Atmung und Verdauung, und versorgt alle Zellen mit Nähr- und Sauerstoff.

Das Herz kommuniziert mit dem gesamten Körper unter anderem über elektromagnetische Impulse, die weit über den Körper hinaus spürbar sind. Laut Studien des HeartMath Institute in Kalifornien wird das elektromagnetische Feld, das Ihr Herz bildet, von anderen Menschen – und ebenso von Tieren – gespürt. Und für die Skeptiker unter Ihnen: In einem Umkreis von einem Meter ist das energetische Herzfeld eines Menschen – und ich vermute auch unserer Tiere – sogar messbar.

Das emotionale Herz gilt als Resonanzraum unserer Gefühle. Im Brustraum können wir Emotionen wie Beklemmung, Angst, Trauer, Zorn oder übergroßes Glück, Freude und Liebe meist sehr deutlich spüren.

Das seelische, spirituelle Herz schließlich ist der Raum unserer inneren Wahrheit, der inneren Stimme. Das spirituelle Herz ist ein Spiegel unseres Unterbewusstseins und unserer Seele und schafft damit den Zugang zu unserer intuitiven Intelligenz – der Herzintelligenz.

Je mehr wir also auf unsere Herzintelligenz achten und ihr folgen, desto leichter fällt es uns, unsere Emotionen zu managen.

Welche Katze passt zu mir? Ich bin davon überzeugt, dass IMMER die Tiere in unser Leben purzeln, die wir benötigen, um uns weiterzuentwickeln, wie auch umgekehrt.

Wusssten Sie, dass …

sich unser Herz in der Embryonalentwicklung vor dem Gehirn ausbildet? Das Herz ist ein sogenanntes autorhythmisches Organ: Es beginnt aus sich heraus zu schlagen, noch bevor sich das rationale Gehirn ausbildet. Eine Tatsache, die Wissenschaftler bis heute rätseln lässt.

Herzintelligenz durch Herzkohärenz

Unser Herz besitzt ein komplexes Nervensystem, das als »Gehirn im Herzen« bezeichnet und unabhängig von unserem Kopfgehirn denken, fühlen und entscheiden kann. Es ist belegt, dass dieses Herzgehirn mit seinen enormen sensorischen Fähigkeiten mehr Informationen an das Kopfgehirn sendet als umgekehrt. Unser Denken und damit auch unser Handeln wird also maßgeblich von unserem Herzen beeinflusst.
Herzkohärenz ist ein Zustand, in dem die Kommunikation zwischen Ihrem Herzen und Ihrem Gehirn optimal aufeinander abgestimmt ist. Laut der Studien des HeartMath Institute ist Kohärenz der optimale Zustand des Herzens, der unter anderem emotionale Stabilität und Resilienz – unsere Fähigkeit, herausfordernde Lebenssituationen angemessen zu handhaben – ermöglicht. Ihre persönliche Kohärenz ermöglicht Ihnen eine harmonische Balance von Körper, Verstand und Emotionen durch die positive und heilende Strahlkraft Ihres Herzens. Aber Sie beeinflussen dadurch nicht nur Ihr eigenes Leben positiv, sondern bewirken damit auch eine Harmonisierung Ihrer Beziehungen zu anderen Menschen und Tieren. Konsistente Herzkohärenz wird durch Gefühle wahrer und bedingungsloser Liebe, Wertschätzung, Dankbarkeit und Mitgefühl hervorgerufen und ist für jeden mit ein wenig Übung erreichbar. Durch das Üben eines kohärenten Zustandes können Sie ganz bewusst mehr Verantwortung für Ihre Herzensenergie, Ihre Gedanken, Emotionen und Handlungen übernehmen und somit positive Veränderungen in Ihrem Leben und Ihrem menschlichen und tierischen Umfeld erreichen.

Und jetzt Sie ...

Förderung der Herzintelligenz

Laut der Forschungen des HeartMath Institute in Kalifornien ist das Erreichen von Herzkohärenz durch bewusstes Fühlen einer angenehmen Emotion innerhalb weniger Minuten möglich. Denn positive Emotionen verstärken die Kohärenz in unserem Herzrhythmus unmittelbar. Es gibt unterschiedliche Wege, diese Kohärenz zu erreichen. Einen davon möchte ich Ihnen vorstellen.

So klappt es

- Erinnern Sie sich mehrfach täglich an Situationen und Erlebnisse, für die Sie dankbar sind. Wenn es Ihnen leichter fällt, können Sie dafür ein paar Fotos auswählen, die in Ihnen Gefühle von beispielsweise Wertschätzung, Liebe, Glück oder Dankbarkeit erzeugen. Achten Sie bitte darauf, dass Sie keine Fotos aussuchen, die auch Gefühle von Trauer oder Verlust hervorrufen können, etwa ein Foto einer Katze, die kürzlich über die Regenbogenbrücke ging.

- Platzieren Sie diese Glücksmoment-Fotos in Bereiche, an denen Sie sie tagsüber immer wieder sehen können. Halten Sie bitte einen Moment inne, wenn Sie eines der Fotos sehen. Atmen Sie einige ruhige Male etwas tiefer als gewohnt ein und aus und versuchen Sie, in diesem wunderbaren Gefühl zu baden – lächeln Sie dabei!

- Je häufiger Sie für einen kurzen Moment innehalten und ganz bewusst eine positive Emotion empfinden, desto stabiler wird Ihre Herzkohärenz (messbar als erhöhter Wert Ihrer Herzfrequenzvariabilität).

- Unterstützen können Sie diesen Prozess, indem Sie sich abends etwas Zeit nehmen, um all das aufzuschreiben, für das Sie an diesem Tag dankbar waren und sind. Dankbarkeit gilt als ein Katalysator für spirituelle Entwicklung, denn dankbare Menschen sind die glücklichsten Menschen auf diesem Planeten ...

Mensch und Tier: Ganz im Hier und Jetzt. Wir verlieren uns an den Augenblick, können alles um uns herum vergessen, wenn wir eins werden mit unseren Katzen.

Kühler Kopf und feuriges Herz: Das sind die beiden Pole, die wir an unseren vierbeinigen Lieblingen so lieben.

Das große Unbewusste

Mittlerweile gilt es als erwiesen, dass unser rationales, explizites Bewusstsein nur einen Bruchteil unserer Verstandesleistung ausmacht.
Über 90 Prozent unserer täglichen Handlungen werden vom Unterbewusstsein gesteuert. Das bedeutet: Wir sind zwar bei unseren Aktivitäten wach, werden dabei aber wie von einem Autopiloten geführt … Als explizit gilt Wissen, wenn es auch für andere greifbar und nachvollziehbar ist, wie beispielsweise wissenschaftliche Berichte oder dokumentierte Prozesse.
Implizites, im Unterbewusstsein gespeichertes Wissen dagegen wird durch individuelles Können, den Erfahrungsschatz und Erinnerungen eines jeden gespeist.
So können uns extreme Erfahrungen und positiv wie negativ beeindruckende Erlebnisse unbewusst das ganze Leben beeinflussen. Was wir zum Beispiel als Kinder erfahren, beeinflusst uns, auch wenn wir uns dessen nicht bewusst sind oder uns nicht daran erinnern können.
Ohne dieses implizite Wissen könnten wir unseren Alltag nicht navigieren. Wir können also von Glück reden, dass wir – neben dem expliziten – auch dieses implizite Gedächtnis besitzen. Das implizite Gedächtnis, auch stilles Wissen genannt, speichert unsere Erfahrungen und Fähigkeiten, die wir unterbewusst abrufen können, und ermöglicht uns, Handlungen und Bewegungsabläufe wie beispielsweise Fahrradfahren intuitiv ablaufen zu lassen.
Beim Fahrradfahren wissen Sie implizit und intuitiv alles über die Geschwindigkeit, den Einschlag des Lenkers und den Neigungswinkel des Rades, um sowohl ihr Gleichgewicht zu halten als auch von A nach B zu gelangen.

Unsere Bibliothek für intuitives Wahrnehmen

Implizites Wissen basiert also auf Erinnerungen, Überzeugungen und Erfahrungen und ist die Basis aller intuitiven Prozesse. Es ist fest im Unterbewusstsein verankert und entzieht sich daher dem sprachlichen Ausdruck.

Im Laufe unseres Lebens legen wir eine umfangreiche Wissens- und Erfahrungsbibliothek zu unterschiedlichsten Themen an, auf die wir situativ und intuitiv zurückgreifen können. Je mehr Sie zu unterschiedlichsten Themen oder einem Spezialgebiet lesen, je neugieriger Sie gegenüber allem Unbekannten sind und beispielsweise auf inspirierenden Reisen Neues erleben, desto mehr werden Sie in Ihrer Wissensbibliothek ablegen können und desto größer ist der Fundus, auf dem sich Ihre Intuition entfalten kann.

Wenn mehrere Menschen mit ein und demselben Tier kommunizieren, können alle unterschiedliche Wahrnehmungen haben – wobei alle theoretisch richtig sein können. Und das liegt unter anderem an der im Unterbewusstsein verankerten Lebenserfahrung. Wenn ein Tier beispielsweise erschreckende Bilder aus einem Tierheim senden möchte, kann es sein, dass aufgrund eigener Erfahrungen Wahrnehmungsblockaden aufgebaut sind, um uns vor Botschaften zu schützen, die wir nicht verkraften könnten. Je stabiler wir emotional und psychisch sind, desto facettenreichere Botschaften können wir empfangen.

Kitten lernen von der Mutter und ihren Erfahrungen mit den Wurfgeschwistern das Handwerkszeug zum Überleben.

VORAUSSETZUNGEN FÜR EINE GELINGENDE TIERKOMMUNIKATION

Alles beginnt mit dem Vertrauen in die eigenen intuitiven Fähigkeiten und mit einer leidenschaftlichen Hingabe an die Herausforderung, der Sie sich stellen, mit einem Tier kommunizieren zu wollen.
Was Sie benötigen, ist innere Ruhe, die in unseren lebendig-rastlosen Zeiten in der Tat nicht immer mit einem Fingerschnipp herbeizuzaubern ist. Innere Ruhe und innerer Frieden sind aus meiner Sicht aber zwei der wichtigsten Zutaten, damit Interspecies-Kommunikation gelingen kann.
Als Kinder haben viele von Ihnen auf ganz selbstverständliche und natürliche Weise mit ihren Regenwürmern, Hamstern, Katzen und Pferden gesprochen – ohne darüber nachzu-

Hingabe an den Moment und Vertrauen in die eigenen Fähigkeiten ... gut sozialisierte Kitten haben beides.

denken. Als Erwachsene müssen wir unsere hellen, intuitiven Sinne häufig erst wieder zum Leben erwecken und lernen, ihrer Weisheit und Tiefsinnigkeit zu vertrauen.

Fokussiert, unbefangen, in Balance

Um in Kontakt mit einem Tier zu treten und die Verbindung konstant und fokussiert halten zu können, ist es wichtig, darauf zu achten, dass Sie nicht durch klingelnd eingehende Nachrichten, Diskussionen im Nachbarzimmer oder den eigenen knurrenden Magen abgelenkt werden. Sobald ich mit einer Erwartungshaltung, mit Wünschen oder Vorurteilen eine Kommunikation beginne, ist sie nicht mehr »neutral«. Dass es nicht immer ganz einfach ist, den eigenen Tieren unvoreingenommen zu begegnen, will ich damit nicht leugnen. Aber wir dürfen auch nicht in die Falle geraten, nur das zu hören, was wir hören möchten, und sollten versuchen, unbefangen der Geschichte zu lauschen, die unser Gegenüber zu erzählen hat.

Wenn Ihre Katze sich Ihnen gegenüber aggressiv verhält, Sie aber der Meinung sind, Sie würden ihr jeden Wunsch von den Augen ablesen und könnten sich das Verhalten deswegen überhaupt nicht erklären, mag es nicht einfach sein, den wahren Grund des Verhaltens Ihres Tieres zu erfahren und zu verkraften – und man möchte in einer Tierkommunikation lieber etwas anderes vermittelt bekommen. Die eigenen Befindlichkeiten beiseitezulassen, ist schon eine große Kunst!

Was ist deins, was ist meins?

Ein weiterer wichtiger Punkt ist, sich der eigenen Emotionen und Körpergefühle bewusst zu werden – auch der Anteile, die vor unserem Bewusstsein verborgen in »unseren Kellern« schlummern. Nur so können Sie spüren, welche der in der Kommunikation wahrgenommenen Gefühle, Körperempfindungen und Gedanken Ihre eigenen und welche die des Tieres sind. Telepathische Kommunikation sowie jegliche energetische Arbeit ist immer auch ein persönlicher Transformationsprozess, ein ständiges Sich-Weiterbewegen. Alle mit den hellen Sinnen empfangenen Bilder, Geräusche oder Worte ergeben keinen Sinn, solange Sie sie nicht fühlen können oder bereit sind, sie zu fühlen. Wenn Sie beispielsweise zum Zeitpunkt der Kommunikation mit Ihrer Katze durch ein trauriges Erlebnis stark berührt sind, kann es gerade zu Beginn Ihrer Erfahrungen, mit Tieren zu kommunizieren, zu Vermischungen der Gefühlswelten kommen.

Und jetzt Sie …

Sitting in the power – eine wirkungsvolle Vorbereitung für sensitives Wahrnehmen

»Sitting in the power« ist eine Form der Meditation, bei der wir unsere »power«, unser Energiefeld, stärken, um »in die eigene Kraft, die Kraft der Liebe« zu gelangen. Diese Kraft der Liebe ist eine hervorragende Vorbereitung, um sensitiv wahrzunehmen und mit unseren Tieren zu kommunizieren.

So klappt es

- Suchen Sie sich bitte einen Raum, in dem Sie ungestört sind, und setzen Sie sich aufrecht und bequem auf einen Stuhl. Lassen Sie nach Möglichkeit die Füße auf dem Boden. Legen Sie einen Zeitraum fest, in dem Sie praktizieren möchten. Sie können beispielsweise mit 10 bis 15 Minuten starten. Stellen Sie sich am besten einen – nicht allzu schrillen – Wecker, der Sie sanft aus der Stille zurückholt.
- Schließen Sie bitte die Augen, atmen Sie tief ein und aus und entspannen Sie Ihren Körper mit jedem Atemzug ein wenig mehr. Beginnen Sie mit Ihren Füßen: Spüren Sie, wie Ihre Füße den Untergrund berühren und sich ent-

Katzen wissen, wie es geht: Sitting (lying …) in the power. Sie laden sich während ihrer Ruhephasen mit Energie auf.

»Hand aufs Herz«: Die Hand auf dem Brustkorb lässt uns die Weisheit des Herzens spüren.

spannen. Atmen Sie »in Ihre Füße«. Mit jedem Atemzug entspannen Sie Ihre Füße mehr und fühlen dabei, wie diese magnetisch vom Mittelpunkt der Erde angezogen werden. Sie spüren eine intensive Energie von Ihren Fußsohlen ausgehend zu Mutter Erde.

- Jetzt lassen Sie das entspannende Gefühl immer weiter in Ihrem Körper aufsteigen. Sie spüren zunächst Ihre Knöchel und atmen die Entspannung in Ihre Knöchel ein. Und so verfahren Sie weiter mit jedem Körperteil, mit allen Organen und allen Muskeln. Sie atmen in jeden Körperteil tiefste Entspannung hinein: in die Unterschenkel und Oberschenkel, in Ihre Hüften und Ihr Becken. In den Unterbauch, Bauch und den mittleren Rücken, den Brustraum und den oberen Rücken, in die Schulterblätter und die Schultern, die Oberarme, Unterarme, Hände, in den Nacken und den Hals und Kiefer, die Wangen und die Stirn und schließlich in den ganzen Kopf. Zum Abschluss atmen Sie bitte noch einmal bewusst mehrere Atemzüge in den gesamten entspannten Körper hinein.

- Sobald Ihr Körper vollkommen entspannt ist, fokussieren Sie Ihre Aufmerksamkeit auf Ihren Brustraum und stellen sich vor, wie Ihr Atem in Ihr Herz ein- und wieder ausströmt. Finden Sie dabei einen für Sie angenehmen Rhythmus. Lassen Sie dann ein Gefühl der Liebe, Dankbarkeit und Wertschätzung lebendig werden. Fühlen Sie, wie es Ihren gesamten Körper durchströmt.

- Stellen Sie sich anschließend vor, Sie würden mit jedem Ausatmen eine Kugel um sich herum mit diesem Gefühl füllen. Sie sitzen inmitten dieser Kugel, die sie umhüllt.

- Jetzt ist die Power aufgebaut, und Sie können einige Minuten oder sogar Stunden sitzen bleiben. Zu Beginn geht es nur darum, die Energie aufzubauen und zu halten. Durch das »Sitting in the power« können sich auch Ihre hellen Sinne entwickeln.

Esoterischer Nonsens und Quantenzeug

Ist es nachweisbar, dass Tierkommunikation funktioniert? Nein, das ist es nicht. Von einem im konservativen Sinne wissenschaftlichen Standpunkt ist gelingende Tierkommunikation (noch) nicht beweisbar, nicht messbar, nicht nach methodischem Vorgehen überprüfbar.
Und trotzdem würde ich anhand meiner langjährigen Erfahrung und derer vieler Kolleginnen und Kollegen behaupten: Es funktioniert! Es funktioniert intersubjektiv, das heißt für mehrere Beteiligte gleichermaßen nachvollziehbar. Und ich kann in jeder Kommunikation überprüfbare Fakten erfragen: Ich kann ein Tier nach seinen menschlichen und nichtmenschlichen Mitbewohnern befragen, mir Tagesabläufe und Angewohnheiten beschreiben lassen oder mich von dem Tier virtuell durch sein Zuhause führen lassen – und in einem Feedback-Gespräch mit den Haltern erfahren: Ja, das stimmt.
Solange sich der Verstand mit der Frage beschäftigt, ob Tierkommunikation esoterischer Nonsens ist oder ob vielleicht doch »etwas dran ist«, wird sich innere Ruhe schwer einstellen können, werden die Gedanken sich immer wieder melden, wahrscheinlich so lange, bis man aufgibt und sich sagt: Irgendwie habe ich es gleich gewusst, dass das nicht funktionieren kann …
Und wenn Sie davon ausgehen, dass Ihre Intuition und damit Ihre Fähigkeit, mit Ihrer Katze zu kommunizieren, nicht funktionieren (können), kann ich Ihnen versprechen: Sie werden recht behalten.

»Sprich mit mir – ohne zu sprechen. Ich weiß, dass es funktioniert, und du?«

Wenn Schubladen anfangen zu denken

Wie Intuition – und mit ihr die Interspecies-Kommunikation – funktioniert, war der Wissenschaft lange Zeit keine erschöpfende Forschung wert. Zu spirituell-esoterisch und damit unseriös, zu spekulativ und damit irrational und sowieso irgendwie mysteriös.

Diese Schublade war lange fest verschlossen, was sich glücklicherweise geändert hat. Denn »die Wissenschaft« beginnt, auch out of the box zu denken. Neue Untersuchungsmethoden, erfrischende Fragestellungen und raffinierte Experimente erlauben immer aufschlussreichere Einblicke in die Abläufe unseres Gehirns, unseres gesamten Körpers und der Kommunikation untereinander. Forschungsergebnisse aus Neurologie, Neuropsychologie und Quantenphilosophie haben die Vorstellungen von dem, was Denken, Bewusstsein und Wahrnehmung ist, komplett verändert. Konservative Wissenschaft fokussiert sich auf eine kausale Weltsicht, bei der der holistische Charakter unseres Lebens nicht beachtet wird.

Für den Beweis spiritueller Gesetzmäßigkeiten können zwar keine Messapparaturen verwendet werden, aber wir können unser Bewusstsein dergestalt erweitern, dass wir über unsere gewohnte Wahrnehmung hinaus sehen, hören und fühlen können. Alle traditionellen spirituellen Wissenschaften, wie etwa der Schamanismus, haben aus dieser Form des Beobachtens ihr Wissen abgeleitet. Tierkommunikation mit Schubladendenken funktioniert nicht: Urteile und Vorurteile schwächen unsere Intuition und machen es unmöglich, als neutraler Kommunikator zur Verfügung zu stehen.

Schubladendenken – beispielsweise Urteile oder Vorurteile – schwächt unsere Intuition und Herzintelligenz.

WANN IST EINE TIERKOMMUNIKATION SINNVOLL?

Ich verstehe Tierkommunikation als ein Anamnese-Tool: ein Werkzeug, mit dem ich einen Status quo des Tieres auf körperlicher, emotionaler und spiritueller Ebene erfahren kann. Je detaillierter die Informationen sein sollen, umso präziser sollten die Fragen gestellt werden. Beispielsweise ist es mit der Frage: »Hast du Schmerzen?«, daher in der Regel nicht getan, wenn ich eine genaue Position, die Intensität und Qualität des Schmerzes erfahren möchte. Umso mehr Raum muss ich dem Tier geben, seine Geschichte zu erzählen und sein Befinden zu beschreiben.

Mit Katzen schwatzen

Es gibt viele Situationen, in denen eine Kommunikation mit Ihrem Tier hilfreich sein kann. In der Regel gibt es konkrete Anlässe für eine telepathische Kontaktaufnahme.
Aber Sie können es auch »nur mal so«, aus reinem Spaß an einem Dialog tun. Selbst wenn Sie einen langen Fragenkatalog geschrieben haben, den Sie gerne »abarbeiten« (lassen) würden: Es ist immer überraschend, was Katzen äußern, wenn ich Ihnen zu Beginn jeder Kommunikation, die ich führe, einfach den Raum, die Zeit und den Rahmen

Es ist nicht immer leicht zu erkennen, ob es Ihrer Katze gut geht. Durch eine Tierkommunikation können Sie über das Befinden der Samtpfote mehr erfahren.

Wussten Sie, dass …

chronische Schmerzen sich im Verhalten oder auch in der Körperhaltung ausdrücken können, wie beispielsweise

- Zurückgezogenheit, Passivität, kaum Fellpflege
- Knurren, fauchen, schreien und beißen
- Appetitlosigkeit
- Gesenkter Kopf und Schmerzgesicht
- Zusammengekauert auf allen vier Pfoten sitzen
- Verspannungen am Bauch oder Rücken
- Eingeklemmter Schwanz

Akute Schmerzen, wie beispielsweise bei Verletzungen, werden Sie sofort erkennen.
ACHTUNG! Bitte verabreichen Sie Ihrer Katze niemals Schmerzmittel aus der Humanmedizin.

gebe zu schwatzen … ohne etwas zu wollen, ohne bei bestimmten Themen nachzubohren.

Sie haben Fragen nach Wünschen, Vorlieben und Bedürfnissen Ihrer Katze?

In einer Kommunikation mit Ihrem Tier können Sie ganz generell nach Vorlieben und Wünschen fragen oder aber einen bestimmen Aspekt, eine konkrete Gegebenheit unter die Lupe nehmen.
Sie können ebenso etwas über Bedürfnisse bezüglich des Futters und des Wohnumfeldes erfahren oder auch die Wünsche nach Aktivität, Spiel und Spaß erfragen.

Sie haben Fragen nach körperlichem Befinden Ihrer Katze?

Um anderen Raubtieren nicht als Beute zum Opfer zu fallen, zeigen Katzen instinktiv Schmerzen oder Schwäche nicht. Dass unsere Katze krank ist, erkennen wir deshalb häufig erst dann, wenn das Kind bereits im Brunnen liegt.
In einer Kommunikation und durch das Lesen beispielsweise im Chakren-System können energetische Ungleichgewichte, die zu Krankheiten Ihrer Katzen führen können, erspürt werden, bevor Ihre Katze Symptome zeigt und auch bevor sie über schulmedizinische Diagnosemethoden erkennbar werden.

Eine Tierkommunikation kann in Kombination mit einer energetischen Behandlung auch als Prophylaxe oder regelmäßiger Check-up eingesetzt werden. Sollten Sie den Verdacht haben, Ihre Katze hat Schmerzen oder leidet an einer akuten Krankheit, suchen Sie bitte umgehend einen Tierarzt oder Tierheilpraktiker auf.

Angst kann die unterschiedlichsten Ursachen haben. Eine wirkungsvolle Methode, diese emotionale Blockade sanft zu lösen, ist die Energetik.

Sie haben Fragen nach dem emotionalen Befinden Ihrer Katze?

Eine Kommunikation kann Einblicke in die Gefühlswelt Ihrer Katze geben und alle Gefühle beschreiben, die sie bewegen und ihr Verhalten bestimmen, wie beispielsweise Liebe, Freude, Traurigkeit oder Eifersucht.

Sie möchten die Beziehung Ihrer Katze zu sich selbst oder den anderen Mitbewohnern in Ihrem Haushalt klären?

In einem telepathischen Gespräch mit Ihrem Tier und einer sogenannten Systemischen Aufstellung (→ Seite 90) lassen sich die Beziehungen aller im Haushalt Lebenden zueinander klären. Häufig spiegeln Tiere mit ihrem Verhalten die Menschen um sich herum oder wollen uns auf bestimmte Themen aufmerksam machen.
Tiere triggern durch ihr Verhalten häufig »wunde Punkte« bei uns an. Sie fordern uns damit auf, tief im Unterbewusstsein Vergrabenes an die Oberfläche zu holen und zu bearbeiten, wie zum Beispiel nicht verarbeitete Verlustängste.
In einer Systemischen Aufstellung mit allen im Haushalt bzw. im System lebenden (oder auch verstorbenen) Menschen und Tieren können wir die Qualität von Beziehungen aufdecken, sie energetisch heilen und ausgleichen.

Wusssten Sie, dass …

es ethische Werte gibt, die bei einer Tierkommunikation und energetischen Arbeit beachtet werden sollten? Unter vielen anderen sollte das Kommunizieren mit einem Tier nur mit Zustimmung des Tierhalters sowie des Tieres selbst erfolgen. Wir sollten also nicht einfach »aus Spaß« mit Nachbars Katze in Kontakt treten, auch wenn wir das Gefühl haben, dass es ihr überhaupt nicht gut geht. Wenn Sie den berechtigten Verdacht haben, dass das Tier gequält wird, sollten Sie Ihr zuständiges Veterinäramt, die Polizei, ein Tierheim, den örtlichen Tierschutzverein oder PETA Deutschland kontaktieren.

Auch abstrakte Dinge, beispielsweise Ressourcen wie Kratzbäume oder Lieblingsplätze, lassen sich in eine Aufstellung integrieren.

Sie möchten wissen, warum (ausgerechnet) diese eine Katze bei Ihnen gelandet ist?

Für mich steht fest: Nichts – wirklich gar nichts –, was in unserem Leben passiert, passiert zufällig.
Ein Zufall ist meist ein Zusammenhang, den man übersieht.
In unser Leben treten Menschen und Tiere, die wir für unsere (spirituelle) Weiterentwicklung benötigen, wie umgekehrt auch. Und so wird auch Ihre Katze aus einem bestimmten Grund an Ihrer Seite sein. Diesen Grund kann ich in der Kommunikation auf Seelenebene von Ihrer Katze erfahren.

Sie möchten die Gründe für Verhaltensauffälligkeiten oder -störungen klären?

Ihre Katze kratzt exzessiv an all Ihren hölzernen Erbstücken, uriniert auf Ihren Perserteppich (und nur auf den), Ihre Kater verprügeln sich seit ein paar Wochen gegenseitig? In der Regel sprechen wir bei diesen Vorkommnissen von Verhaltensauffälligkeiten, dabei zeigt sich häufig »nur« uns unliebsames Verhalten, das aus der Sicht der Katze ganz normal und artgerecht ist. Ihre Katze verhält sich nicht so, weil sie Sie ärgern möchte, sondern weil sie aus vermutlich verschiedenen Gründen nicht anders kann. Uns unliebsames Verhalten hat häufig mehrere, sich gegenseitig verstärkende Ursachen, und in einer Kommunikation kann ich vom Tier etwas darüber erfahren.

Sie möchten etwas über die Vergangenheit Ihres Tieres wissen?

Wir übernehmen eine große Verantwortung, wenn wir uns dazu entscheiden, mit Tieren zusammenleben zu wollen, ganz besonders dann, wenn Sie eine oder sogar mehrere Katzen aus dem Tierschutz bei sich aufnehmen.

Diese Kreaturen haben für gewöhnlich eine Vergangenheit, in der sie Traumatisierendes erlebt haben und/oder schlecht sozialisiert sind.

Diese Katzen haben Erfahrungen gemacht, deren Auswirkungen Sie als Tierhalter sehr häufig spüren und zusammen mit Ihrer Katze tagtäglich durchleiden.

In einer Kommunikation mit der Katze kann ich detaillierte Hinweise zur Vergangenheit erhalten, die Ursache eines oder mehrerer Traumata erkennen und durch energetische Arbeit heilsame Impulse setzen.

Sie möchten Ihre Katze auf eine bevorstehende Veränderung vorbereiten, wie beispielsweise einen Ortswechsel oder aber den Einzug eines weiteren Tieres?

Sie ziehen in eine neue Wohnung, in der es nur noch einen Balkon und keinen Garten mehr gibt? Sie verreisen und wollen Ihre Katze in einer Pension unterbringen? Sie möchten Ihre Katze tagsüber nicht so lange alleine lassen und planen ein zweites Wollknäuel bei sich einziehen zu lassen? Eine Kommunikation mit Ihrem Tier kann auf unterschiedliche Veränderungen vorbereiten oder auch erfragen, ob die Katze zum Beispiel für einen Neuzugang überhaupt offen und bereit ist.

Was hat meine Katze schon alles erlebt? Für Menschen, die eine zuvor verwilderte Katze oder ein Tier aus dem Tierschutz bei sich aufnehmen, kann eine Tierkommunikation hilfreich sein, um bestimmte Verhaltensweisen besser zu verstehen.

Ihre Katze ist entlaufen, und Sie möchten wissen, wo sie ist?

Nachbars Katze – ein Despot! Leider gibt es sie: die übermäßig tyrannischen Charaktere, die schwächere, alte und ängstlichere Naturen schnell zu Opfern werden lassen. Und so kann es sein, dass Ihre Katze vor dem Nachbarn geflüchtet ist und nicht oder nicht zur gewohnten Zeit wieder nach Hause kommt.
Dann steht die quälende Frage im Raum: Wo ist mein Liebling? Geht es ihm gut bzw. lebt er noch? Was kann ich tun, damit er wiederkommt?
Das energetische Erspüren von entlaufenen Katzen ist möglich, leider häufig aber sehr zeitaufwendig und mit teilweise enormen emotionalen Ups and Downs verbunden.

Nachbars Katze – ein Despot! Es gibt sie, die tyrannischen Charaktere, die schwächere und ängstlichere Naturen schnell zu Opfern machen.

Sie möchten Ihre Katze im Sterbeprozess begleiten?

Optimalerweise entscheidet das Tier selbst, ob, wann und wie es über die Regenbogenbrücke gehen möchte. Für eine telepathische Sterbebegleitung wird ein kraftvoller energetischer Raum geschaffen, in dem die Katze und ihr Mensch sich geborgen fühlen und sich vertrauensvoll einander mitteilen können.

Sie möchten Ihrer verstorbenen Katze etwas mitteilen?

Tiere haben eine andere Sichtweise auf das Sterben und den Tod als wir Menschen. Diese Sichtweisen und berührenden Botschaften der geliebten Samtpfote können die Trauer und das Verkraften des schmerzenden Verlustes erleichtern.
Auch nach dem Tod eines Tieres ist es möglich, der Seele Fragen über die letzte Inkarnation zu stellen.

GRENZEN DER TIERKOMMUNIKATION

Eine Kommunikation mit einem Tier entfaltet in den allerseltensten Fällen eine spontane »Zauberwirkung«. Denn notwendige Entwicklungsschritte lassen sich nicht beschleunigen. In gewisser Weise muss man sich einem Prozess anvertrauen und wissen, dass das Tier den Rhythmus und das Tempo für notwendige Veränderungen bestimmt – und wir es dabei unterstützen können.

Da die Ursachen für sowohl gesundheitliche Problematiken als auch Verhaltensauffälligkeiten häufig vielschichtig sind, wird Heilung und Veränderung auf mehreren Ebenen in der physischen und der energetischen Welt erforderlich. Es kommt allerdings auch schon einmal vor, dass alleine durch die Kommunikation, durch die besondere Aufmerksamkeit, die das Tier während dieser Sitzung erfährt, ein erster Impuls in Richtung positiver Veränderung gegeben wird.

Auch wenn wir eine Kommunikation mit einem Tier mit einer gewissen Intention führen, etwas wissen und im besten Sinne für das Tier und uns Menschen bewirken wollen: Die vorhandenen Problematiken lassen sich nicht »wegdiskutieren«. Ich kann zu einer Katze zwar sagen: »Es wird nicht gerne gesehen, dass du in letz-

Eine Tierkommunikation ist niemals manipulativ, aber wir können unsere Tiere auf Gefahren aufmerksam machen und durch energetische Arbeit schützen.

ter Zeit deine Toilette nicht mehr benutzt«, aber eine Wirkung wird diese Aussage so lange nicht haben, bis alle Ursachen für das Verhalten gefunden und behoben sind.
Auch an dieser Stelle noch einmal: Eine Tierkommunikation ersetzt bei (potenziellen) Krankheiten nicht den Besuch bei einem Tierarzt, Tierheilpraktiker oder anderen Therapeuten. Tierkommunikation ist auch kein Instrument, eine veterinärmedizinische Diagnose zu stellen, noch das Mittel der Wahl, sollte die Kinderstube Ihrer Katze einen gewissen Feinschliff benötigen.

1 Tier, 3 Antworten

Wie neutral kann eine Tierkommunikatorin sein? Meiner Erfahrung nach ist es wichtig, neutral zu sein im Sinne von: eigene Emotionen nicht mit denen des Tieres zu vermengen, keine Vorurteile beispielsweise bestimmten Rassen gegenüber zu hegen oder mit projizierten Erwartungen eine Kommunikation zu führen. Und doch »färben« wir als Tierkommunikatoren ab, weil wir mit bestimmten Aussagen des Tieres eher in Resonanz gehen bzw. weil das Übermittelte auf unser Wissen und unsere Erfahrungen trifft. Je nach Sprachschatz, Wissen über bestimmten Krankheiten oder Physiologie des Tieres sind auch die Botschaften des Tieres sowie die der Seele des Tieres breiter oder weniger breit gefächert und detailliert.
Ein Tier ist außerdem wie jeder menschliche Gesprächspartner auch: Nicht jedem wird die gleiche Story erzählt. Der einen Freundin erzählen Sie von Ihrem letzten Urlaub, einer anderen von den Planungen Ihrer nächsten Reise – und trotzdem »stimmt« beides. Es kann also sein, dass eine Kommunikation nur einen in diesem Moment wichtigen Teilaspekt beleuchtet.

Transformative Kommunikation

In der sogenannten transformativen Kommunikation verschwimmen die Grenzen zwischen telepathischer, intuitiver oder medialer Wahrnehmung und energetisch-heilender Arbeit. Eine Kommunikation mit einer Katze, das Lesen in Chakren und Aura ist Basis für einen fließenden Übergang zu Schwingungsmedizin oder zu Systemischem Stellen – mehr zu diesen Themen lesen Sie auf den folgenden Seiten.
Jede Form von energetischer Arbeit setzt einen Impuls zu Veränderung und Selbstheilung.
Ob und in welchem Tempo Heilung schließlich möglich ist, ist von unterschiedlichen Faktoren abhängig, nicht zuletzt auch dem aktiven Tun des Tierhalters bei gewünschten Entwicklungsprozessen.

Und jetzt Sie ...

Der telepathische Kontakt zu Ihrem Tier

Wie ein Gespräch abläuft, hängt von vielen Faktoren ab und ist in diesem Sinne nicht planbar – was nicht bedeutet, dass Sie ohne eine Intention mit Ihrem Tier kommunizieren müssen. Wir sollten nur kein konkretes Ziel verfolgen oder bestimmte Erwartungen hegen, sondern dem Tier den Raum und die benötigte Zeit geben, seine Geschichte zu erzählen. Denn die Bedürfnisse und Wünsche Ihres Vierbeiners stehen im Vordergrund und nicht der Wunsch, eine Antwort auf jede Ihrer Fragen zu erhalten.

So klappt es

- Sie sollten in der richtigen Stimmung, in der passenden Schwingung sein: Meditationen bzw. das schon beschriebene »Sitting in the power« (→ Seite 36) sind eine sehr gute Basis für energetische Wahrnehmung und sensitive und mediale Arbeit, da man lernt, in die innere Ruhe, in die Stille zu kommen. Denn während Sie beispielsweise der Anleitung einer Meditation folgen, schaltet Ihr Verstand automatisch immer weiter ab, und das ist die beste Voraussetzung dafür, mit Ihrem Tier in telepathischen Kontakt zu treten.

Von Katzen lernen: Innere Ruhe und Frieden mit dem, was ist. Das ist Entspannung pur.

Ebenso ist es wichtig, dass Sie sich »energetisch reinigen« und erden. Das können Sie tun, indem Sie sich unter einem Wasserfall stehend imaginieren, spüren, wie Ihr Körper und Ihre Aura gereinigt werden, und Sie anschließend visualisieren, wie goldene Wurzeln aus Ihren Fußsohlen heraus bis ins Zentrum der Erde wachsen. Mit jedem Atemzug ziehen Sie Ruhe und Balance in Ihren Körper. Stellen Sie sich vor, dass um Sie herum eine goldene Lichtkugel entsteht.

- Nun können Sie eine Kommunikation mit Ihrer Katze beginnen. Ihre Katze muss nicht neben Ihnen sitzen oder in der Nähe sein. Sie können die Verbindung jederzeit und überall entstehen lassen, indem Sie an Ihr Tier denken oder ein Foto von ihm betrachten. Stellen Sie sich vor, wie aus Ihrem Herzen ein Lichtband zum Herzen Ihrer Katze fließt. Über dieses Lichtband schwingen Sie sich in das Energiefeld Ihrer Katze ein, und es entsteht die telepathische Verbindung. Wenn Sie das Gefühl haben, in Kontakt zu sein, können Sie Ihr Tier fragen, was immer Sie möchten.

- Entspannen Sie sich und lassen Sie sich von den Antworten Ihres Tieres und der Geschichte einfach mitnehmen. Kommen Sie in den Flow und lassen Sie es zu, zu fühlen, wie es Ihrer Katze geht.

- Stellen Sie Ihrer Katze möglichst präzise Fragen. Je detaillierter Sie fragen, desto klarer und ausführlicher wird Ihr Tier Ihnen antworten. In der Regel wird Ihnen ein Tier sagen, was es braucht und wer oder was es unterstützen könnte.

- Sie können ganz sicher sein, dass der erste Gedanke, das erste Bild oder das erste Gefühl, das sich Ihnen zeigt, die Antwort Ihrer Katze ist. »Zerdenken« Sie die Antwort nicht. Wenn Sie trotzdem unsicher sind, können Sie Ihr Tier noch einmal fragen: »Habe ich es richtig verstanden, dass ...«

- Wenn Sie spüren, dass es Zeit ist, sich zu verabschieden, bedanken Sie sich bei Ihrer Katze und imaginieren Sie, wie sich das Lichtband zwischen Ihnen und Ihrer Katze wieder zurückzieht. Trennen Sie die Verbindung also ganz bewusst.

HINWEIS: Mit einem Tier zu kommunizieren, ist grundsätzlich einfach, aber es bedarf aus meiner Erfahrung viel Übung. Also zweifeln Sie nicht an sich oder Ihren Fähigkeiten, wenn es beim ersten, zweiten oder dritten Mal noch nicht funktioniert.

KOMMUNIKATION MIT BALU

Wenn einer geht und einer bleibt

Lisa Jakobsen weinte am Telefon. Sie war unendlich traurig, weil sie einige Wochen zuvor ihren geliebten Kater Jonathan friedlich hat gehen lassen müssen. Seither verhielt sich ihr zweiter Kater Balu vollkommen atypisch und fraß schlecht. Lisa war vollkommen ratlos, was sie für Balu in dieser Situation tun könne.

»Jonathan und Balu waren über 9 Jahre hinweg ein Herz und eine Seele. Durch die in der Terrassentür eingebaute Katzenklappe hatten sie die Freiheit, zu kommen und zu gehen, wann immer sie wollten. Beide machten auf mich immer einen sehr glücklichen und souveränen Eindruck. Balu folgte Jonathan auf seine Abenteuer in die umliegenden Gärten, Felder und Wälder. Es gab nichts, was die beiden nicht miteinander geteilt hätten. Seit Jonathans Tod ist Balu nicht wiederzuerkennen. Sobald ich nicht zu Hause bin, erledigt er all seine Geschäfte in oder vor meinem Bett, und wenn ich zu Hause bin, verfolgt er mich auf Schritt und Tritt!«, erklärte Lisa ihre unglückliche Situation.

Jonathan und Balu: Harmonie pur?

Das Analysieren der energetischen Interaktionen und wahrnehmbaren Emotionen mittels einer Systemischen Aufstellung (→ Seite 90) konnte mir Hinweise über die Qualität der Beziehung zwischen den beiden Katern geben. Eine Aufstellung ist auch dann das Mittel der Wahl, wenn ich mehr über eine Verbindung verstehen möchte, die es in dieser Form nicht mehr gibt, deren energetische Wirkung aber auf die aktuelle Situation noch einen Effekt zu haben scheint. Welche Qualität hatte die Beziehung der beiden Kater? War es wirklich die pure Liebe und Verbundenheit, die Lisa wahrgenommen hatte?
Die Emotionen der Kater, die ich in der Aufstellung spürte, waren weit von dem gegenseitigen Wunsch, »ein Leben teilen« zu wollen, entfernt. Ich spürte eine starke Unsicherheit bei Balu,

Auf einen Blick

Themen

- Unsauberkeit
- Appetitlosigkeit

Ursachen

- Trauer
- Abhängigkeit von Jonathan bzw. der Halterin
- Angst vor streunenden Katzen

Empfehlungen

- Einrichtung von Toiletten, Toilettentraining
- Neue Gestaltung des Umfeldes: Sicherung des Außenbereichs
- Auflösung des Traumas und energetische Behandlungen
- Stärkung des Selbstvertrauens durch gemeinsames Spielen
- Futterumstellung und Bachblütenmischungen

Resultat

- Nachdem alle Empfehlungen umgesetzt waren, dauerte es nur wenige Wochen, bis Balu zu einer neuen Stabilität gefunden hatte.

ein Gefühl, das stärker wurde, je weiter entfernt ich mich vom Haus, also vom Kernrevier imaginierte. Balu klebte energetisch förmlich an Jonathan, und ich nahm eine enorme Abhängigkeit von seinem Buddy wahr, der sich wiederum durch nichts in der Welt aus der Ruhe bringen ließ.
Das Team Jonathan und Balu bildete nach außen eine unzertrennliche Einheit. Sobald ich mich aber in ihre Energien getrennt voneinander einfühlte, spürte ich, dass beide nicht unterschiedlicher hätten sein können:
Jonathan hatte etwas von einem draufgängerischen Cowboy, der keiner Auseinandersetzung mit anderen Katzen aus der Nachbarschaft aus dem Weg ging, der stolz in seinem Revier herumtänzelnd andere eher provozierte, als ausgleichend wirkte. Und Balu, der eher einem zaghaften Mauerblümchen glich und nur in Erscheinung trat, wenn er sich in Jonathans Schutz wusste.

»Ich habe Angst«, gestand Balu, so als ob er sich ein wenig dafür schämte. »Jonathan hat immer alles geregelt. Er hat unser Revier bewacht und verteidigt. Wenn andere Katzen in unseren Garten kamen, konnte ich mich auf ihn verlassen. Alle haben ihn respektiert und haben sich wieder zurückgezogen. Mit ihm fühlte ich mich sicher. Und jetzt habe ich niemanden mehr. Jetzt streifen fremde Katzen wie selbstverständlich durch unseren Garten, und ich kann nichts dagegen tun. Und Lisa? Sie versteht das Problem ja gar nicht.«

Balu hatte seine Abhängigkeit von Jonathan auf Lisa übertragen. Er hatte sich an sie gewandt, indem er sie unermüdlich verfolgte, um von ihr den ihm fehlenden Schutz zu bekommen: in seinen Augen ohne jeglichen Erfolg.

Sicherheit in fremden Federn

Wenn Unsauberkeit eines der Probleme ist, lasse ich mir einen Grundriss der Wohnung oder des Hauses skizzieren, in dem unter anderem die Toiletten eingezeichnet sind: Und diese fehlten komplett in dem Plan, den Lisa mir gesendet hatte.

Wussten Sie, dass …

streunende Katzen in der Nähe Ihrer Wohnung oder des Hauses bei Ihrer Katze eine sogenannte umgerichtete Aggression auslösen können? Ihre Katze nimmt beispielsweise eine fremde Katze aus der Nachbarschaft im eigenen Revier wahr, reagiert entsprechend aufgebracht und richtet ihre Aggression gegen die zufällig neben ihr sitzende Katze, mit der sie sich üblicherweise gut versteht. Umgerichtete Aggression richtet sich nicht gegen das Individuum, das sie auslöst, sondern auf das nächstbeste »neutrale Opfer«, häufig eine weitere Katze im Haushalt oder den menschlichen Mitbewohner. Umgerichtete Aggression ist eine der häufigsten Ursachen für Missverständnisse zwischen zusammenlebenden Katzen.

»Da sich beide Kater je nach Belieben drinnen oder draußen aufhalten konnten, habe ich nie die Notwendigkeit gesehen, innerhalb des Hauses Toiletten aufzustellen. Es gab ja im Hinblick auf Unsauberkeit auch nie ein Problem«, erzählte mir Lisa.

Durch Jonathans Tod hatte sich die Situation für Balu aber grundlegend geändert. Außerhalb des Hauses konnte er sich nicht mehr sicher fühlen und musste sich daher einen neuen geschützten Bereich für seine Toilettengänge suchen. Was lag näher, als im rettenden Bett von Lisa den richtigen Ort gefunden zu haben?

Erleichterung auf ganzer Linie

Lisa stellte zwei Toiletten innerhalb des Hauses auf – allerdings war ihr überaus fantasievolles und geduldiges Toilettentraining komplett erfolglos. Balu ließ sich mit ganz und gar nichts verführen oder überzeugen, die Kisten mit dem krümeligen Streu zu nutzen. Lisa und ich mussten also umdenken und dafür sorgen, dass Balu wieder nach draußen ging, um sich dort von all

Wussten Sie, dass …

interaktives Spielen mit Ihrer Katze einen therapeutischen Effekt auf Angststörungen haben kann? Durch die mentale und körperliche Auslastung des Spiels wird das Selbstbewusstsein bei unsicheren und ängstlichen Katzen gefördert. Ängstliche Katzen sollten dabei ohne Störung durch andere Katzen spielen, also ihr Beutespielzeug jagen können. Spielen heißt Jagen und ist ein Ersatz für eine der wichtigsten Beschäftigungen Ihrer Katze. Als Ersatzbeschäftigung für den Streifzug durch das Revier können Futterspiele, also die Suche und das Erarbeiten des von Ihnen zuvor versteckten Futters, dienen.

dem entledigen zu können, was jetzt in Lisas Bett landete.
Der entscheidende Schritt sollte sein, Balu in seinem Selbstvertrauen zu stärken und ihm die Gewissheit zu geben, dass er sich nicht mehr durch streunende Katzen bedroht fühlen musste. Dazu haben Lisa und ich an drei Schrauben gleichzeitig gedreht, sowohl auf energetischer als auch auf handlungsbezogener Ebene. Zum einen empfahl ich Lisa, täglich mit Balu zu spielen – etwas, das sie in all den Jahren nie gemacht hatte. Nun aber war es wichtig, denn gemeinsames Spielen fördert Selbstvertrauen sowie innere Ruhe und Stabilität.
Parallel dazu habe ich mit Balu energetisch gearbeitet. Der Tod von Jonathan war für Balu ein einschneidendes und lebensveränderndes Erlebnis. Mit Hilfe energetischer Arbeit lassen sich Impulse zur Selbstheilung setzen. Beispielsweise lassen sich in einer sogenannten schamanischen Reise Ereignisse aus der Vergangenheit wie Schocks und Traumata »überschreiben« und die damit verbundenen negativen Emotionen auflösen.
Und zu guter Letzt hat Lisa einen Teil des Gartens als neuen Auslauf für Balu gesichert, der sein neues, geschütztes Revier sofort in vollen Zügen genießen konnte. Schon nach wenigen Wochen war der Spuk vorbei, und Balu schien über den Schock, den der Verlust von Jonathan ausgelöst hatte, hinweggekommen zu sein.

Anmut durch geschmeidige Beweglichkeit: Die Knochen einer Katze sind äußerst leicht und flexibel. Hauskatzen können Sprünge bis zur sechsfachen Länge ihres Körpers elegant abfedern.

ALLES EINE FRAGE DER **ENERGIE**

Wir sind damit vertraut, in einer materiellen Welt zu leben, die mit unseren fünf physischen Sinnen wahrnehmbar ist. Gleichzeitig leben wir aber auch in einer energetischen Welt, die mit unseren hellen Sinnen erfahrbar ist.

DAS GROSSE GANZE SEHEN

Wir alle lieben unsere Katzen und wollen für sie nur das Allerbeste. Und wir informieren uns, was sie für ein gesundes und glückliches Leben mit uns brauchen. In vielen hervorragenden Ratgebern erfahren Sie, wie Sie Ihre Katze aus dem Blickwinkel der physischen, materiellen Welt verstehen können, um ihr ein artgerechtes Leben zu ermöglichen. Auf der körperlichen Ebene müssen wir unser Haustier angemessen füttern und versorgen. Katzen benötigen Bewegung und Schutz, wenn nötig tierärztliche oder therapeutische Behandlungen und alle Utensilien, die für das körperliche Wohl entscheidend sind, wie beispielsweise eine saubere Katzentoilette, Kratzbäume und Rückzugsorte.
Auf der emotionalen Ebene brauchen Katzen unter anderem unsere

Katzen jeden Alters sollten täglich zum Spielen animiert werden. Spielen ahmt das natürliche Verhalten der Jagd nach.

liebevolle Zuwendung, wobei die gewünschte Dosis von ihrem Charakter, ihrer Persönlichkeit und von ihrem körperlichen Befinden abhängig ist. Und damit Ihre Katze auf mentaler Ebene gesund bleibt, sorgen Sie dafür, dass sie ihren jagdlichen Ambitionen nachgehen kann, indem sie entweder Mäusen aus Fleisch und Blut oder aus Plüsch und Samt mit größter Hingabe nachstellen kann.

Mehrere Wege zu den Ressourcen wie beliebten Liegeplätzen verhindern, dass dominante Tiere den Zugang für andere versperren.

Die energetische Welt

Verhaltenstherapie, medizinische Wissenschaft und viele weitere Disziplinen haben mit großem Engagement Krankheiten und ungewöhnliches Verhalten erforscht, sehr viel Wissen publiziert und angewendet und damit Menschen wie Tieren in vielerlei Notlagen geholfen. In der Regel haben sich Wissenschaftler dabei auf das Erforschen mikroskopischer und molekularer Modelle fokussiert. Und trotzdem werden (und manchmal bleiben) die Tiere krank oder zeigen Verhaltensstörungen. Denn worüber Sie wenig erfahren und was in der Regel in Handbüchern und Leitfäden über Haustiere nicht betrachtet wird, ist die Tatsache, dass wir – Mensch und Tier – Kreaturen sind, die auch in einer energetischen Welt leben und von ihr beeinflusst sind. Wenn wir den Blick auf die energetische Welt vernachlässigen, verlieren wir den Blick auf das große Ganze. Viele Problematiken haben ihren Ursprung in Ereignissen und Begebenheiten auf energetischer Ebene und sind dort, und nur dort, lösbar. Jedes Symptom – ob gesundheitlich oder in Bezug auf ein gestörtes Verhalten – kann als Blockade auf energetischer Ebene interpretiert werden. Heilung setzt dann ein, wenn dieser Widerstand, diese Blockade gelöst und der Energiefluss harmonisiert wird.

Ein kleiner Exkurs

Das Weltbild des Materialismus – so wie es Sir Isaac Newton geprägt hat – bestimmt noch heute einen Großteil wissenschaftlicher Forschung und damit unseres Denkens. Newton konnte Bewegungen im Universum anhand mathematischer und physikalischer Berechnung exakt vorhersagen und prägte damit die Sichtweise, man könne die Mechanismen des Kosmos ohne das Unsichtbare, wie den Geist, verstehen. Er leitete aus seiner Arbeit ab, dass das Universum eine Maschine sei. Wenn man die kosmischen Abläufe verstehen wolle, müsse man sich auf die Materie konzentrieren. Auch den menschlichen Körper könne man als physische Maschine, als materiellen Ausdruck des Lebens verstehen. Infolgedessen wurden Geist und Körper als voneinander getrennt wahrgenommen. Bis heute wird der Einfluss des Geistes in konservativen Forschungen nicht oder kaum beachtet.

Im Kern aller Materie liegt Energie

Laut der Quantenphysik ist das Leben stärker von unsichtbaren, energetischen Kräften beeinflusst als von dem, was wir als Materie wahrnehmen. Entgegen unserer sinnlichen Wahrnehmung ist Materie nichts »Festes«, sondern eine spezielle Form der Energie. Was wir als »fest« wahrnehmen, sind Myriaden von Atomen, die Energie ausstrahlen. Alle Gegenstände, menschliche und tierische Körper, die wir mit unseren physischen Sinnen wahrnehmen können, bestehen somit aus Energie,

Geistige Welt hin oder her … Wenn mal etwas danebengeht: Katzenurin leuchtet unter UV-Licht. So lässt sich jeder noch so versteckte Fleck im Universum finden.

Im Kern aller Materie liegt sehr viel Energie: Mit nach oben gerichteten Pfoten und ausgefahrenen Krallen können sich Katzen sehr energisch verteidigen.

sind Träger von Informationen und erzeugen ein Schwingungsfeld.

Energie auf einen Blick

Materielle, physische Welt

- *Das mit unseren fünf physischen Sinnen Wahrnehmbare*
- *Atome, Protronen, Neutronen und Elektronen*
- *Energie (häufig grobstoffliche Energie genannt)*

Energetische, geistige Welt

- *Das mit unseren fünf physischen Sinnen NICHT Wahrnehmbare*
- *Informationen, die mit unseren hellen Sinnen wahrnehmbar sind*
- *Energie (häufig feinstoffliche Energie genannt)*

Wussten Sie, dass …

Sir Isaac Newton nicht nur der Entdecker der Schwerkraft, sondern auch der Erfinder der Katzenklappe sein soll? Laut einer Anekdote fühlte sich Newton von seiner Katze, die, während er an seinen Forschungen arbeitete, ständig maunzend neben ihm saß und nach draußen wollte, so gestört, dass er kurzerhand einen Ausgang für die Katze in die Tür sägte und diesen mit einer beweglichen Klappe versah.

Ein Feld voller Energie

Energie ist Schwingung, Bewegung in Form von Wellen, die miteinander interagieren. Diese Energiewellen verweben sich zu einem Feld, das als verbindende Kommunikationsebene zwischen Menschen oder auch Menschen und Tieren angesehen werden kann, die die Grundlage von permanentem Informationsaustausch und Wandel bildet. Wir können davon ausgehen, dass Menschen und Tiere kontinuierlich Energie und Informationen aus diesem Feld beziehen und es durch ihre mentalen und emotionalen wie auch körperlichen Aktivitäten beeinflussen. Denn Informationen werden von diesem Energiefeld empfangen und gespeichert – quasi wie ein Gedächtnis allen Lebens. Das heißt: Alles, was existiert, jedes Lebewesen, ob Pflanze, Tier oder Mensch, sendet und empfängt Informationen – kommuniziert also in der Regel unbewusst miteinander. Emotionen, die von Lebewesen jeglicher Spezies an einem Ort der Erde gefühlt und erlebt werden, oder Gedanken, die uns beschäftigen, können so auch auf anderen Kontinenten gleichermaßen empfunden werden. Man kann dieses alles durchdringende Energiefeld als universellen Geist, als allumfassendes Bewusstseinsfeld bezeichnen. Ein gängiger Begriff ist der des morphogenetischen bzw. morphischen Feldes. Wie viele in diesem Buch

Das Schlafen in Ihrem Bett bietet Ihrer Samtpfote absolutes Wohlbehagen und Sicherheit.

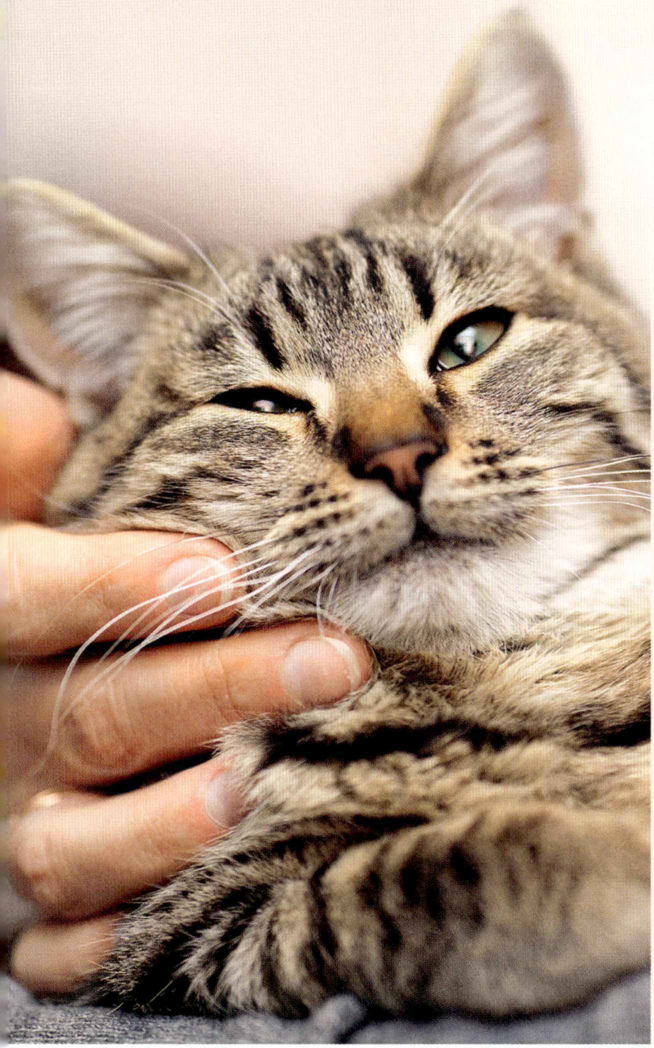

Handlesen: Katzen spüren unser Befinden, wenn wir sie streicheln. Unsere Energie wird zur Energie der Tiere.

Wussten Sie, dass …

der Begriff »morphogenetisches Feld« auf den britischen Biologen und Forscher Rupert Sheldrake zurückgeht? Sheldrake erforschte die Pflanzen- und Tierwelt gleichermaßen und zeigte auf, wie Bewusstsein weltumspannend miteinander verwoben ist. Er beschrieb bespielsweise Observationen an Affen, welche identische Fähigkeiten und Verhaltensweisen zeigten, die Artgenossen auf anderen Kontinenten in Versuchsreihen erlernt hatten, ohne direkten Kontakt zu diesen gehabt zu haben. Seine Erklärung war, dass die Informationen über die erlernten Fähigkeiten der »Versuchsgruppe« in einem universellen Energiefeld gespeichert waren und so überall abrufbar wurden.

beschriebenen Ideen, Eindrücke und Erfahrungen wird auch die Hypothese des morphischen Feldes von vielen Wissenschaftlern mangels naturwissenschaftlicher Beweisbarkeit als pseudowissenschaftlich abgelehnt. Laut meiner Recherchen (ich bin selbst KEINE Wissenschaftlerin, und bei nicht wenigen Publikationen hoch dotierter Forscher verstehe ich nur die Summeries …) gibt es inzwischen anerkannte Wissenschaftler, die begründete Argumente dafür liefern, dass die Weisheitstheorie aller großen mystischen Traditionen, der Geist ließe sich nicht auf das menschliche Gehirn begrenzen, sondern existiere überall, exakt mit den Erkenntnissen der Quantenphysik übereinstimmt.

GUTE SCHWINGUNG, SCHLECHTE SCHWINGUNG

Wenn Sie zwei gleich große, gleich schwere Steine zeitgleich und aus gleicher Entfernung von der Wasseroberfläche ins Wasser werfen, entstehen zwei harmonische Wellen, die sich in gleichem Rhythmus und gleicher Wellengröße aufeinander zubewegen. Wenn sich die beiden Wellen treffen, bilden sie eine gemeinsame größere Welle, und ihre Energiemenge verdoppelt sich. Die Wellen arbeiten quasi konstruktiv zusammen, man nennt dieses Phänomen konstruktive Interferenz, eine sich positiv verstärkende Beeinflussung.

Energien beeinflussen sich gegenseitig

Was bedeutet dieses Energiespiel mit den beiden Steinen übertragen auf Menschen und ihre Tiere?
Wenn wir uns in einer Umgebung befinden, in der die um uns schwingenden Energiewellen mit uns im Gleichklang sind, erhalten wir durch konstruktive Interferenz, also sich positiv verstärkende Wellen, mehr Energie. Wir bekommen das Gefühl von guter Schwingung. Und gute Schwingung ist ein wichtiger Gradmesser dafür, ob wir uns am richtigen oder falschen Ort befinden. Wenn wir das Gefühl haben, am richtigen Ort zu sein, trägt die dortige Energie zu unserer Energie positiv bei, und wir fühlen uns wohl und in unserer Kraft.
Auch die gegenteilige Situation werden Sie vermutlich kennen: Sie befinden sich an einem Ort, an dem sie sich miserabel und kraftlos fühlen. Vielleicht haben Sie sich im Dunkeln in einer fremden Stadt verlaufen und finden keinen Weg zurück in Ihr Hotel. Ihre Energie scheint Ihnen wie abgezogen, das Umfeld kreiert eine sogenannte destruktive Interferenz.
Gute und schlechte Schwingungen sind wichtige Deutungen des Energiefeldes um uns herum, denn Schwingungsübertragung ist die primäre Informationsübertragung von jedem Organismus auf diesem Planeten.
Tiere bewegen sich generell gern in Bereichen höher schwingender, für sie sich positiv auswirkender Energie. Ihre Katze läuft aus Gefahrenzonen heraus in Richtung Sicherheit, eine Gazelle läuft vom Löwen weg in die entgegengesetzte Richtung.

Indem wir in diesem Beispiel Energie sichtbar machen, bekommen Sie einen Eindruck davon, wie sich Ihre Schwingungen und die Ihrer Katze austauschen, gegenseitig beeinflussen und miteinander verweben. Sie und auch Ihre Katze sind also niemals isoliert, sondern immer in ein energetisches System eingebettet. (nach Bruce Lipton)

Und jetzt Sie ...

Gemeinsam mit der Katze meditieren

Fast alle Tiere lieben es, wenn man mit ihnen meditiert, da sie sich wunderbar entspannen können, wenn wir Menschen es tun. Nahezu alle Meditationen lassen sich auch mit Tieren durchführen. Es gibt ein Muster eines Ablaufs, an das Sie sich halten können. Wichtig ist aus meiner Sicht dabei, immer die für sich passenden Bilder zu finden, in die Sie während der Meditation eintauchen möchten. Für die einen ist es eine Landschaft mit Wasserfall, für die anderen ein Platz in einer Hängematte vor einem Bergmassiv. Ihrer Fantasie, Ihrer Intuition sind dabei keine Grenzen gesetzt. Probieren Sie aus, was sich für Sie stimmig anfühlt.

So klappt es

- 1. Entspannung
  Tiefes Ein- und Ausatmen, Verbinden mit Mutter Erde.

- 2. Geistige Vorstellung einer Umgebung
  Nehmen Sie eine Landschaft, in der Sie sich mit Ihrer Katze wohlfühlen, mit allen Sinnen wahr.

- 3. Einladung
  Laden Sie Ihre Katze oder jedes

Katzennickerchen: Etwa zwei Drittel des Tages verbringen Hauskatzen in schlummernd-meditierender Weise.

andere Tier, mit dem Sie gemeinsam meditieren möchten, geistig zu sich ein. Wenn es nicht dabei sein möchte, fragen Sie, warum und was es braucht, um teilnehmen zu können.

- 4. Meditation
  Jetzt können Sie sich Ihrem Thema widmen, über das Sie gemeinsam mit Ihrem Tier meditieren möchten: zum Beispiel eine Harmonisierung Ihrer Beziehung.

- 5. Zurückkommen
  Bedanken und verabschieden Sie sich bei Ihrer Katze und kommen Sie aus der Meditation behutsam zurück.

Anregung für eine Meditation zur energetischen Reinigung (Punkt 4)

Wenn Sie beispielsweise eine gemeinsame energetische Reinigung für sich und Ihre Katze durchführen wollen, können Sie in der imaginierten Landschaft, in der Sie sich befinden (→ Punkt 2), einen Wasserfall entstehen lassen, unter den Sie sich stellen. Sie spüren mit allen Sinnen – Sie fühlen, riechen, sehen, hören, schmecken –, wie das Wasser an Ihnen herunter- und durch Ihren Körper hindurchläuft und Zweifel, Sorgen und alle anderen belastenden Emotionen wegspült. Das Wasser fließt in die Erde, wo die Emotionen transformiert werden. Anstatt des Wasserfalls können Sie auch eine helle, klare Lichtsäule imaginieren. Sobald Sie sich voller Energie und Zuversicht fühlen, bitten Sie Ihr Tier, sich ebenfalls unter den Wasserfall zu stellen. Sie sehen dabei zu, wie das Wasser nun Ihre Katze reinigt und jede körperliche oder emotionale Belastung hinweggespült wird.

Anregung für eine Meditation zur Harmonisierung der Beziehung zu Ihrer Katze (Punkt 4)

Wenn Sie die Beziehung zu Ihrer Katze in Balance bringen möchten, können Sie Folgendes ausprobieren: Imaginieren Sie eine liegende Acht aus hellem Licht. Die Lemniskate bringt die Schwingung vollkommener Balance und des Ausgleichs. Setzen Sie sich selbst in die eine Schleife der Acht und bitten Sie Ihre Katze in die andere Schleife. Konzentrieren Sie sich jetzt auf die Themen, die für sie beide belastend sind. Lassen Sie alles, was Sie und Ihre Katze in Bezug auf Ihre Beziehung belastet, in eine Kugel fließen, die auf der Schnittstelle der beiden Schleifen der Acht liegt. Visualisieren Sie jetzt, dass die Kugel mit allen Problemen wegschwebt und sich im violetten Licht auflöst. Imaginieren Sie anschließend, wie sich die Lemniskate, die liegende Acht, in der Sie beide sitzen, auflöst.

Wie die eigene Energie zu der Ihrer Katze wird – und umgekehrt

Sie lieben Ihr Tier und sagen sich: Ich würde ALLES tun, damit es meiner Samtpfote gut geht? Dann ist es essenziell, dass Sie persönlich glücklich sind und sich um Ihr eigenes Wohlbefinden kümmern. Denn ausschlaggebend für das Wohlergehen Ihrer Katze ist unter vielen anderen Faktoren auch Ihre eigene energetische Balance. Wenn Sie erschöpft, gestresst, verärgert, beunruhigt oder unsicher sind, belasten Sie Ihr Tier mit Ihrem eigenen energetischen Ungleichgewicht. Tiere und auch andere Menschen spüren auf energetischer Ebene, ob Sie sich unwohl fühlen, da Sie in Momenten belastender Emotionen negative Schwingungen an die Umwelt abgeben. Und diese negative Schwingung wird von dem Energiefeld Ihrer Katze aufgenommen, das heißt, Emotionen oder Krankheiten können sogar eins zu eins übernommen werden. Wenn Sie sich dagegen wohlfühlen, Sie glücklich sind, wird die Schwingung Ihres Energiefeldes höher, und Ihr Umfeld wird darauf entsprechend reagieren. Unterschätzen Sie niemals die energetische Power Ihrer Emotionen. Ihre Umwelt reagiert immer unmittelbar auf die Schwingung, die Sie durch Ihr elektromagnetisches Feld aussenden. Unabhängig von Ihren Befindlichkeiten, können Tiere ebenso auch ihre eigenen Probleme oder energetische Disbalancen haben. Disbalancen können etwa durch eine schlechte Sozialisation, durch in Tierheimen oder aggressive Nachbarskatzen ausgelöste Traumata oder körperliche Dispositionen entstanden sein.

Wussten Sie, dass …

es uns stärkende und schwächende Emotionen gibt? Stärkende Emotionen sind zum Beispiel Liebe, Dankbarkeit, Mitgefühl, Vergebung. Schwächende Emotionen sind beispielsweise Angst, Wut, Eifersucht, Vorurteile, Ungeduld, Frustration, Minderwertigkeitsgefühl.

Und jetzt Sie ...

So werden Sie sich Ihrer Emotionen bewusst

Alle Emotionen können Gefühle, körperliche Reaktionen und Denkprozesse auslösen.

Wenn ich in der Emotion von Minderwertigkeit feststecke, werden auf mehreren Ebenen gleichzeitig Prozesse ausgelöst:

So kann es sein, dass mein Atem ungleichmäßig wird und mein Verstand plötzlich anfängt, mich mit anderen zu vergleichen.

Fühlen ist das Wahrnehmen eines emotionalen Vorgangs und immer auf das Jetzt bezogen.

So klappt es

- Legen Sie sich ein Emotionstagebuch an und listen Sie alle Emotionen, die Sie während des Tages erlebt haben, auf.
- Beschreiben Sie die Gefühle und körperlichen Reaktionen, die die Emotionen in Ihnen ausgelöst haben: Wie fühlt sich für Sie Freude und Liebe oder auch Angst oder Kummer an?
- Dieses Tagebuch Ihrer Emotionen ist ein wertvoller Schatz auf dem Weg zu mehr Freude und Zufriedenheit in Ihrem Leben.

Zu viel Energie: Durch zu langes oder intensives Streicheln kann es zu einer Überreaktion Ihrer Katze kommen, aus der heraus sie unsanft wird.

Spieglein, Spieglein …

Wenn Ihre Katze ähnliche oder gleiche Symptome – körperliche Beschwerden oder belastende Emotionen – zeigt wie Sie, ist es sehr wahrscheinlich, dass Ihre Samtpfote Ihnen etwas spiegelt, also Themen aufzeigt, die Ursache für die sichtbaren Symptome oder negativen Emotionen bei Ihnen und/ oder Ihrer Katze sein können.
Diese Spiegelungen bedeuten immer, dass wir Menschen uns mit den aufgezeigten Themen auseinandersetzen sollten, gegebenenfalls unser Verhalten oder Gewohnheiten ändern, Verantwortung für uns und unser Tier übernehmen sollten, um den Weg für eine Heilung möglich zu machen. Häufig lassen sich Krankheiten oder Verhaltensauffälligkeiten unserer Katzen indirekt durch das Bearbeiten und Auflösen der betreffenden emotionalen Muster ihrer Menschen erfolgreich unterstützend therapieren.
Es kommt nicht selten vor, dass ich zeitgleich für Mensch und Tier energetisch arbeiten darf und sich dadurch die Heilungsimpulse gegenseitig verstärken können.
Aus gespiegelten Symptomen ergibt sich in der Regel ein gemeinsamer Wachstumsprozess.
Die Liebe zu unseren Tieren kann uns ermutigen, große persönliche Entwicklungen zu beginnen. Und indem wir erkennen können, wie positiv sich unsere Veränderungen auf unsere Katzen auswirken, bleiben wir motiviert, diese neuen Wege weiterzugehen und uns aus negativen und belastenden Lebenssituationen zu befreien.

Ihre Katze zeigt ähnliche Symptome körperlicher Beschwerden oder belastender Emotionen, wie Sie sie selbst haben? In einer Tierkommunikation oder Systemischen Aufstellung kann man herausfinden, was dahintersteckt.

Die Katze guckt verheißungsvoll aus Ihrer Tasche? Wenn ein feuchtes Malheur passiert ist, ist es nicht Böswilligkeit, die Ihre Katze dazu veranlasst hat.

Mit den eigenen Emotionen Karussell fahren

Wenn es darum geht, unsere negativen, uns und unsere Umwelt belastenden Emotionen zu beherrschen und möglichst durch positive, bereichernde Emotionen zu ersetzen, bleibt die Frage: Wie mache ich das, wenn ich mich schon seit Monaten im gleichen Karussell bewege? Wie können wir aus eingefahrenen Spuren herausspringen?

Wir wissen heute, dass unser tägliches Bewusstsein keine Kontrolle über unsere Gefühle hat. Vielmehr verarbeitet unser Unterbewusstsein alle Informationen angeborener sowie automatisch ablaufender Gefühle. Der große Anteil unserer Wahrnehmung wird durch unser Unterbewusstsein gesteuert. Wie können Sie also erreichen, dass Ihr Unterbewusstsein tut, was Sie möchten? Vom römischen Philosophen Epictetus stammt das Zitat: »Es geht nicht darum, was mit dir geschieht, sondern wie du darauf reagierst.« Ertappen Sie sich auch immer wieder einmal dabei, äußere Umstände für Ihre Emotionen verantwortlich zu machen?

So vereinfachend und oberflächlich es auch klingen mag: Für die Reaktion auf ein Ereignis sind nur Sie selbst verantwortlich.

Stellen Sie sich vor, Sie kommen abends nach Hause und sehen, dass Ihre Katze in Ihre frisch gepackte Sporttasche gepinkelt hat. Wie reagieren Sie? Werden Sie ärgerlich, und bestrafen Sie Ihre Katze? Oder versuchen Sie den Grund für dieses Malheur zu finden, weil Sie wissen, dass Ihre Katze nicht aus Böswilligkeit Ihr Lieblings-T-Shirt hellgelb eingefärbt hat?

Das Maß ist voll oder maßvoll reagieren

Wir schätzen ein Ereignis, eine Situation, die wir erleben, auf Basis unserer Erfahrungen, Einstellungen und Glaubenssätze ein und reagieren entsprechend dieser Interpretation emotional in der einen oder anderen Weise. Die Interpretation geschieht uns unbewusst, und damit fehlt uns in Stresssituationen der notwendige Zugriff auf den Intellekt, um kluge Lösungen zu finden. Häufig merken wir erst später, dass wir uns »dümmer verhalten« haben, als wir es getan hätten, wären wir in einer ruhigeren Verfassung gewesen.

Und hier kommt ein weiteres Mal unser Herz ins Spiel: Denn über unser Herz lassen sich Emotionen und damit unsere Reaktionen auf äußere Impulse steuern.

Wir alle haben die Fähigkeit, uns eigenständig und unabhängig von fremder Hilfe in herausfordernden Situationen zu beruhigen. Ist diese Fähigkeit gering ausgeprägt, können uns Ängste und die damit einhergehenden Gefühle wie zum Beispiel Schuld oder Frustration regelrecht zerreißen oder vor ihnen davonlaufen lassen. Speziell hochsensible und hochsensitive Menschen sollten gut beobachten, wie sie mit ihren eigenen Emotionen und im Energiefeld anderer wahrgenommenen »Baustellen« umgehen. Hochsensitive Menschen nehmen mit ihren hellen Sinnen wahr, haben Visionen oder empfangen Wahrnehmungen und Botschaften aus der sogenannten Geistigen Welt – einer Welt, die mit unseren physischen Sinnen nicht wahrgenommen werden kann.

Jetzt heißt es, sehr, sehr tief durchatmen … und dann die Ursache zu finden, die Ihre Katze veranlasst hat, das Sofa und nicht den neuen Kratzbaum zu nutzen, um die Schärfe ihrer Krallen zu demonstrieren.

Und jetzt Sie ...

Herzatmung bringt Sie ins Gleichgewicht

Mit regelmäßigen Übungen zur Herzkohärenz (→ Seite 30) trainieren Sie, in schwierigen Situationen gelassen zu bleiben und selbst in Extremsituationen schnell zurück in Ihre Balance zu finden. Eine weitere, sehr wirkungsvolle Alternative ist das sogenannte herzfokussierte Atmen. Die »Herzfokussierte Atmung« ist eine Technik des HeartMath Institutes, die die Herzkohärenz fördert.

So klappt es

- Setzen Sie sich dazu bitte an einen ruhigen Platz, an dem Sie für einige Minuten ungestört sind – auch von Ihren Katzen. Schließen Sie die Augen und richten Sie Ihre Aufmerksamkeit nun in Ihren Brustraum und stellen Sie sich vor, wie Ihr Atem in Ihr Herz ein- und wieder ausströmt. Finden Sie dabei einen für Sie angenehmen Rhythmus. Sie werden vermutlich nach einigen Minuten etwas langsamer und tiefer atmen, als Sie es für gewöhnlich tun.

- Nun lassen Sie ein Gefühl der Liebe, Dankbarkeit und Wertschätzung lebendig werden. Fühlen Sie, wie es Ihren gesamten Körper durchströmt. Stellen Sie sich vor, Sie baden in diesem glückbringenden Gefühl. Nach einigen Minuten können Sie sich für dieses wunderbare Erlebnis bedanken.

- Mit etwas Übung funktioniert diese Methode auch mit geöffneten Augen, und Sie können sie quasi unterwegs und überall anwenden. Immer dann, wenn Sie von einer Situation, die in Ihnen negative Emotionen hervorrufen könnte, angetriggert werden, können Sie schnell wieder in Balance kommen, wenn Sie sich für ein paar Minuten »mit Ihrem Herzen zurückziehen«.

HINWEIS: Ich möchte auf keinen Fall den Eindruck erwecken, jedes Problem, dem Sie derzeit ins Auge blicken, ließe sich mal eben so »wegatmen«. Jede Herausforderung und jede Belastung braucht ihre individuelle Betrachtung, individuelle Therapie und Lösung. Aber nach meiner Erfahrung sind Übungen bewussten Atmens eine exzellente Basis, um einen Weg der Heilung zu gehen.

HOLISTISCHE GESUNDHEIT

Um ganzheitliche Gesundheit – also physische, psychische, emotionale und spirituelle Gesundheit – zu verstehen und zu erlangen, reicht es nicht aus, vornehmlich den Zustand unseres Körpers bzw. den eines Tieres zu betrachten.
Krankheit, Gesundheit und Heilung sind keine Zustände, sondern fortwährende Prozesse, in denen sich unser gesamter Organismus selbst organisiert.
In der newtonschen Welt der Medizin ist die Perspektive auf Gesundheit ausschließlich auf den Körper – bzw. den Zustand des Körpers – beschränkt.

Eine zeitgemäße Medizin sollte daher neben den körperlichen Aspekten einer Krankheit auch die psychische und mentale Situation, den Charakter, epigenetische Komponenten sowie das soziale Umfeld des Menschen oder des Tieres berücksichtigen.
Aus Sicht der Quantenphilosophie ist der menschliche – und damit auch der tierische – Organismus ein hochkomplexes System unterschiedlichster Facetten und Bausteine, die sich nicht in einzelne kleinere, geschlossene Systeme teilen lassen, denn sie lassen sich nicht von ihrer gemeinsamen Quelle trennen.

Die Weltgesundheitsorganisation (WHO) stuft einen Menschen als gesund ein, wenn er körperlich, emotional, mental, sozial und spirituell/geistig in der Balance ist und an die Zukunft glauben kann. Das Gleichgewicht dieser Bereiche macht die Gesundheit eines Menschen aus. Und ich würde behaupten: Das Gleiche gilt auch für Tiere!

Emotionen beeinflussen unsere Gesundheit und sind in unserem Energiefeld für andere Menschen und Tiere wahrnehmbar.

Schwingungsmedizin für Katzen und ihre Menschen

Um Missverständnissen vorzubeugen: Ich spreche mich nicht dafür aus, schulmedizinische gegen alternative Methoden bei der Heilung von Menschen und Tieren auszutauschen. Ich denke, dass es um ein kluges, undogmatisches Zusammenspiel aller uns zur Verfügung stehenden Verfahren geht. Die folgenden Methoden ersetzen nicht (immer) den Gang zum Tierarzt, Tierheilpraktiker oder Therapeuten, sondern sind wertvolle Unterstützer, um Selbstheilung zu ermöglichen.

Wussten Sie, dass …

unsere emotional aufgeladenen Gedanken innerhalb unseres Körpers Realität werden? Das nennt man Placebo- bzw. Nocebo-Effekt. Allein eine starke Vorstellung und dadurch hervorgerufene Gefühlswallungen reichen aus, um entsprechende Körpersymptome hervorzurufen. Dr. David Hawkins, Psychiater aus den Vereinigten Staaten, fand heraus, dass kranke Menschen im allgemeinen negative Emotionen haben. Menschen, die viele negative Gedanken und Emotionen haben, schaden nicht nur sich selbst, sondern beeinflussen das Magnetfeld, das sie umgibt.

Und jetzt Sie ...

Hooponopono, ein Vergebungsritual

Wir haben gesehen, wie stark Emotionen auf unser Wohlbefinden und das unseres Umfeldes – und damit unserer Katzen – wirken. In unser aller Leben gab es schon Situationen, in denen wir absichtlich oder ungewollt verletzt worden sind. Nicht selten erinnern wir uns an diese Ereignisse mit einer gewissen Wut oder Trauer. Diese Emotionen schaden aber in erster Linie uns selbst. Und umgekehrt kann es auch sein, dass Sie mit sich selbst hadern, weil Sie wissen, andere mit Ihren Worten oder Taten verletzt zu haben.

So oder so ist das alte hawaiianische Vergebungsritual »Hooponopono« ein Weg, der helfen kann, belastende Gedanken und Emotionen aufzulösen. Hooponopono blickt in Hawaii auf eine lange Tradition zurück und ist heute eine in den USA anerkannte Therapieform. Wörtlich übersetzt bedeutet der Begriff »einen Fehler wiedergutmachen«.

Hooponopono ist ein einfach durchzuführendes Vergebungsritual, das kein Vorwissen, noch nicht einmal eine spezielle Vorbereitung erfordert. Ziel des Rituals ist die Auflösung von negativen Gedankenmustern und die Kraft, sich und anderen zu verzeihen.

Vergebung und Selbstliebe sind zentrale Schlüssel für unser Wohlbefinden.

Jemandem zu verzeihen, fällt vielen schwer, da Vergebung oftmals mit einer Absolution für alle Ungerechtigkeiten oder Verletzungen gleichgesetzt wird. Jemandem zu vergeben, ist aber vielmehr eine Möglichkeit, den eigenen inneren Frieden zu finden. Unschöne Situationen begegnen uns immer und immer wieder: Wir selbst entscheiden aber darüber, wie wir sie sehen und was sie mit uns machen (dürfen).

So klappt es

Das Ritual besteht – in seiner Kurzfassung – aus vier Sätzen. Damit Hooponopono seine Wirkung entfalten kann, ist es von großer Bedeutung, dass Sie nicht nur halbherzig bei der Sache sind, sondern voller Enthusiasmus, Gefühl und Ehrlichkeit.

- 1. Satz: »Es tut mir leid.«
  Wofür möchten Sie sich entschuldigen? Rufen Sie sich eine bestimmte Situation ins Gedächtnis.

- 2. Satz: »Bitte verzeih mir.«
  Bitten Sie aus tiefstem Herzen um Vergebung. Es macht keinen Unterschied, ob Sie sich selbst, andere Menschen oder Ihre Katze um Verzeihung bitten.

- 3. Satz: »Ich liebe dich.«
  Ganz gleichgültig, wie unangenehm die Situation für Sie war, an die Sie gerade denken: Zeigen Sie der Person oder dem Tier Ihre bedingungslose Liebe. Das bedeutet NICHT, dass Sie das Geschehene gutheißen.

- 4. Satz: »Danke.«
  Bedanken Sie sich für die Vergebung, die Ihnen jetzt zuteil wird. Atmen Sie bewusst tiefer ein und aus als üblich. Fühlen Sie, was sich durch das Ritual verändert hat.

Starten Sie gleich mit dem Ritual, wenn Ihre Katze die Zuckerschnute zu tief in die Sahnetorte gesteckt hat ...

Heilung ist immer Selbstheilung

Heilung kann nur nachhaltig und dauerhaft gelingen, wenn die Ursache für die Krankheit oder Verhaltensstörung behoben ist. Jeder Organismus ist ein dynamisches, sich ausgleichendes und selbstregulierendes System mit großem Veränderungspotenzial.

Selbstheilung und das »In-Balance-Bringen« ist dabei eine Grundregel, nicht die Ausnahme. Alle, die wir »heilen«, lassen heilen, nämlich durch den Patienten selbst. Was wir auf unsere unterschiedlichen Arten und Weisen und mit verschiedenen Methoden tun, ist, Impulse zu setzen und Unterstützung zu geben.

Schwingungs- oder Informationsmedizin (Energetik/ Energetische Behandlungen) wirkt ganzheitlich und hat einen ganz besonderen Pluspunkt: Sie bietet die Möglichkeit der Anamnese sowie gleichzeitig die der Therapie und wirkt dabei auf körperlicher, psychischer, emotionaler und spiritueller Ebene.

Mittlerweile zeigen zahlreiche Forschungen, dass Emotionen die Funktionen von Organismen beeinflussen und verändern.

Durch behutsame Berührungen werden bei der Katze Nerven stimuliert und Selbstheilungsprozesse aktiviert.

Viele Wege führen ... in ewige Balance

Im Folgenden finden Sie eine kleine und keineswegs vollständige Liste von Methoden, mit denen ich gute Erfahrungen gemacht habe und/oder sie derzeit einsetze. Eine detaillierte Beschreibung würde an dieser Stelle den vorgesehenen Rahmen sprengen. Welcher Weg für welche Problematik am wirkungsvollsten ist, lässt sich nicht pauschalisieren. Jedes Tier reagiert anders. Und häufig ist eine Kombination verschiedener Behandlungsweisen die richtige Wahl.

Nadeln tun gut! Die »stumpfen Spitzen« lassen Bindegewebe und Muskeln entspannen und Glückshormone fließen.

1. Spirituelles und Energetisches

- *Lösen von energetischen Blockaden in den Chakren*
- *Reiki, Energetik*
- *Schamanische Reisen, Rückführungen*
- *Systemische Aufstellungen*

2. Berührungen

- *Touch und Tapping*
- *Akupunktur*

3. Zauberpflanzen und Kügelchen

- *Kräuter und Vitalpilze, Pflanzenstoffe*
- *Bachblüten, Globuli und Schüßler Salze*

4. Symbole und Kraftzeichen

- *Arbeiten mit Kristallen und Symbolen*

5. Wellen und Frequenzen

- *Musik, Mantren und Gebete*
- *Rife-Frequenztherapie*
- *Magnetfeldtherapie*
- *ORGON-Therapie*

6. Haus und Umfeld

- *Feng Shui, Geopathie*
- *Aroma- und Farbtherapie*

KOMMUNIKATION MIT LEO

Vom Mit-Leben geschüttelt

Sabine Mittenbach hatte mir geschrieben, dass es ihrem 10-jährigen Kater Leo seit einigen Wochen nicht gut ging. Nach einem einmaligen epileptischen Anfall fraß er schlecht, bewegte sich kaum noch, zog sich zurück und zeigte keinerlei Interesse an den abendlichen Angel-Spielen. Sabine hatte das Gefühl, dass Leo nicht mehr leben wollte, und wünschte in einer Kommunikation zu erfahren, ob sie mit ihrer Vermutung richtigläge.
Ich nahm Leo als ein entzückendes, sehr weises und bedächtiges Wesen wahr und habe in der Kommunikation nicht den Eindruck bekommen, dass er sich von seinem Leben auf Planet Erde schon verabschieden wolle. Leo wirkte auf mich aber zugleich vollkommen »durchgeschüttelt«.

»Ich bin müde und erschöpft, aber ich habe keine Schmerzen. Ich muss mich nur noch von diesem Vorfall etwas erholen«, beschrieb mir Leo seinen körperlichen Zustand. »Aber«, fuhr er fort, »ich bin traurig, weil Sabine seit vielen Wochen leidet. Das spüre ich. Und ich bin da, um ihr zu helfen.«

Im weiteren Verlauf der Kommunikation schien mir Leos epileptischer Anfall die ursprüngliche und eigentliche Botschaft an Sabine schon zu enthalten. Ein epileptischer Anfall ist ja ein energetisches Lösen, eine gewaltige Entladung innerer Anspannungen, ein Dammbruch, der Zurückgehaltenes in Bewegung bringt. Spiegelte dieser Anfall vielleicht die enormen inneren Anspannungen, mit denen Sabine derzeit zu ringen hatte?
Wie ich in einem nachfolgenden Gespräch mit Sabine erfuhr, hatte sie vor einigen Monaten ihre Eltern durch einen tragischen Unfall verloren. Sabine war aus der Bahn geworfen, und sie schien durch den plötzlichen Verlust traumatisiert zu sein. Eine Traumatisierung entsteht immer dann, wenn wir in für uns (lebens-)bedrohlichen Situationen mit den uns in diesem Moment zur Verfügung stehenden Mitteln und den uns angeborenen Reflexen Erstarrung, Flucht oder Angriff auf eine Überforderung unseres Nervensystems nicht angemessen reagieren können.

Auf einen Blick

Themen

- Depression, Rückzug und Desinteresse
- Appetitlosigkeit

Ursachen

- Spiegel von Sabines Trauer

Empfehlungen

- Auflösung des Traumas und energetische Behandlungen für Leo
- Energetische Harmonisierung der Beziehung zwischen Sabine und Leo
- Traumatherapie und energetische Behandlungen für Sabine
- Bachblütenmischungen

Resultat

- Nach einigen Monaten haben Sabine und Leo wieder zu ihrem gemeinsamen Glück zurückfinden können.

Leos Botschaft voller Weisheit

Sehr behutsam und feinfühlig, aber auch mit einer gewissen Aufforderung, sich den Tatsachen zu stellen und zu lernen, mit ihnen umzugehen, richtete Leo die folgenden Worte an Sabine:

»Ich wünsche mir so sehr, dass du glücklich bist, lachst und dein Herz öffnest für die Dinge, die über die derzeitigen tieftraurigen Empfindungen hinausweisen. Ich wünsche mir so sehr, dass du die endlose Fülle um dich und in deinem Leben wieder sehen kannst. Ich wünsche mir so sehr, dass du das Gefühl zu dem, was in deinem Leben passiert ist, ändern kannst. Betrauere, was du verloren hast. Aber sei nicht mehr traurig.
Jetzt mag es so aussehen, als ob deine Welt auf dem Kopf steht. Ängste tauchen auf, sich mit der eigenen Sterblichkeit auseinanderzusetzen. Jetzt im Gefühl absoluter Stagnation hilft es dir, dich viel in der Natur aufzuhalten, um Klarheit zu gewinnen. Hier liegt der Schlüssel zu einer Tür, hinter der sich eine Idee für dein neues Leben verbirgt.«

Trauer- und Traumaarbeit

Sabine war gerührt von der Liebe, dem Mitgefühl und der Weisheit, die Leos Worten entsprangen. Sie entschied sich, eine Traumatherapie zu machen, um ihren Schock und ihre Trauer zu verarbeiten. Wenn wir seelische Verletzungen nicht vollständig heilen, können sie durch Situationen, die wir mit dem Trauma bewusst oder unbewusst verknüpfen, unser Leben lang immer wieder angetriggert werden.
Zeitgleich zur Traumatherapie habe ich Sabine und Leo mit energetischer Arbeit unterstützen dürfen. Nach einigen Monaten hat sich Sabine stabilisiert, und auch Leo fand zu alter Lebensfreude zurück. Tatsächlich hat Sabine einen neuen Job begonnen, der es ihr ermöglichte, mehr in freier Natur zu sein, und das Leben mit ihrem Leo wurde wieder so besonders und vollkommen, wie es vor dem traumatischen Erlebnis war.

Wussten Sie, dass …

es eine ganz einfache Möglichkeit gibt, die für Ihre Katze passenden Bachblüten auszuwählen? In vielen Erfahrungsberichten hat sich herausgestellt, dass Fragebögen oder eine detaillierte Analyse nicht so effektiv und treffend sind wie das intuitive, »blinde« Wählen der geeigneten Bachblütenmischung durch die Person, die dem Tier am nächsten steht.
Und wenn Sie nach Ihrer »blinden« Wahl die Beschreibungen zu den ausgewählten Bachblüten lesen, wird sich bestätigen: Ihre Intuition funktioniert hervorragend!

Können Tiere trauern?

Unter Wissenschaftlern und Forschern ist diese Frage sehr umstritten. Aufgrund meiner Gespräche mit den Tieren sage ich sofort: Ja, selbstverständlich! Tiere können trauern und Mitgefühl empfinden.
Verhalten, das auf Trauer hinweisen kann, wurde bei Tieren schon häufig beobachtet, besonders in der Primatenforschung. Vor allem miteinander verwandte Tiere oder Tiere, die lange zusammengelebt hatten, zeigten Zeichen von Trauer und Fürsorge, die mit unseren menschlichen Emotionen vergleichbar sind. Der Verhaltensbiologe Frans de Waal schreibt in diesem Zusammenhang: »Es ist ein Irrtum, dass die Natur ein egoistischer Kampf ums Leben ist. Die meisten Säugetiere überleben nicht, indem sie einander im Kampf ausstechen, sondern durch Kooperation, Fürsorge und Teilen.«

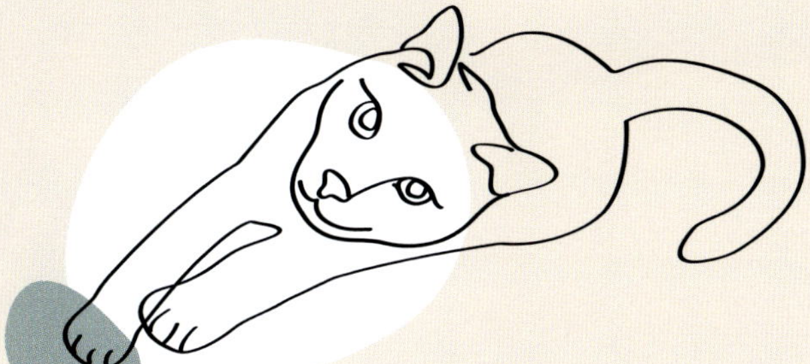

NEVER CHANGE A RUNNING **SYSTEM?**

Beziehungen zwischen Ihnen und allen anderen menschlichen und tierischen Familienmitgliedern sind in ständiger Bewegung und Veränderung.

»Das Genie ist der Fehler im System« – so schön formulierte es einmal Paul Klee. Jedes Anderssein, jede persönliche Entfaltung hat Einfluss auf die Gemeinschaft, auf das ganze System.

DIE DYNAMIK VON BEZIEHUNGEN

»Never change a running system«, was übersetzt so viel heißt wie: Verändere kein funktionierendes System. Aber ist das überhaupt möglich? Nein! Denn alles ist permanent in Bewegung, Veränderung ist Leben. Wir alle leben in Beziehungsgeflechten zu anderen Menschen und zu Tieren, in sogenannten Systemen. Ein System besteht aus Mitgliedern, die sich gegenseitig beeinflussen. Jede Handlung, jede Emotion, jedes Wort eines der Mitglieder löst unmittelbar Reaktionen aller übrigen Mitglieder aus. Systeme können Mensch-Tier-Beziehungen sein oder auch Tier-Tier-Beziehungen, etwa in einer Herde oder unterschiedlichen Arten/Gattungen.

Energie-Networking

Die faszinierenden Forschungsergebnisse der Quantenphysik besagen, dass in einem System jedes Mitglied mit jedem anderen so verbunden ist, dass jede Änderung eine Änderung des Ganzen bewirkt. Alle Mitglieder wirken mit ihrer eigenen energetischen Schwingung auf das gesamte System. Sogar Menschen, an die wir lange nicht gedacht haben und mit denen wir nichts mehr zu tun haben möchten, haben energetischen Einfluss auf uns und unsere

»Achtung! Es ist mir gleich zu viel!« Kinder haben generell einen guten und intuitiven Zugang zu Tieren. Aber es kann auch vorkommen, dass sie zu übermütig werden und Tiere dadurch gereizt werden.

Wenn es Spannungen zwischen Ihren Katzen gibt, sollten Sie die Futternäpfe so positionieren, dass die Tiere ungestört voneinander und außer Sichtweite fressen können. Viele kleine Mahlzeiten über den Tag verteilt können zusätzlich Dampf vom Kessel nehmen.

Systeme. Und es geht noch weiter: Wir alle sind Mitglieder mehrerer Systeme gleichzeitig: zum Beispiel unserer zwei- und vierbeinigen Familie, unseres Teams in der Arbeitswelt, im Yoga-Studio oder unserer Freunde und Bekannten. Da Zeit und Raum laut der Theorien der Quantenphysik nicht existieren, können auch Verstorbene über das morphogenetische Feld Einfluss auf uns und unsere Familie haben. Nicht gelöste Emotionen, Traumata unserer Ahnen, die beispielsweise durch einen erlebten Krieg entstanden sind, können sich als Angst in unserem jetzigen Leben zeigen – so lange, bis wir sie energetisch auflösen.

Wussten Sie, dass …

eine Regel der Quantenphysik besagt, dass zwei Objekte oder Körper, die einmal zusammengetroffen sind, verbunden bleiben und sich damit gegenseitig beeinflussen, auch wenn sie durch Zeit und Raum voneinander getrennt sind? Das bedeutet, dass Ihre Katze spürt, wenn Sie sich freuen oder ängstlich und verärgert sind, und zwar nicht nur, wenn Sie bei ihr zu Hause sind, sondern auch wenn Sie Hunderte von Kilometern entfernt sind! Wenn Sie also das nächste Mal in der Ferne am Strand flanieren, werfen Sie Ihrer Katze doch zwischendurch einfach mal ein Lächeln zu.

Den Wert eines jeden schätzen

Wenn Sie verstehen wollen, wie es um die Beziehung Ihrer Katze zu Ihnen und zu anderen Familienmitgliedern bestellt ist, wenn Sie die Spannungen und Konflikte, die Zuneigung und Liebe, aber auch Dynamiken von wiederkehrenden Mustern und Problemen erkennen möchten, können Sie die Verbindungen aller Mitglieder in einer sogenannten Systemischen Aufstellung sichtbar werden lassen.

Entscheidend für eine gelungene Aufstellung – und damit das Aufzeigen eines optimalen Lösungswegs aus eventuellen Disharmonien heraus – ist, dass alle Mitglieder dieselbe Wertschätzung erfahren – ganz gleich ob Mensch oder Tier. Fähigkeiten und Unterschiedlichkeiten, der Charakter und die individuellen Bedürfnisse und Potenziale müssen erkannt, respektiert und gewürdigt werden. Ohne Empathie, also Ihre Bereitschaft, sich in andere einzufühlen, ohne Mitgefühl können Beziehungen, kann ein harmonisches Zusammenleben innerhalb eines Systems nicht gelingen. Stellen Sie sich vor, Ihr durch die Wohnung tobendes Kind hat versehentlich-tollpatschig eine antike chinesische Bodenvase zu Fall gebracht, die in Abertausende Scherben zerbirst und in deren Mitte Ihr Kind nun weinend sitzt. Was machen Sie? Aller Wahrscheinlichkeit nach trösten Sie Ihr Kind und verhindern, dass es sich an den Scherben verletzt. Und jetzt stellen Sie sich bitte vor, Ihrer Katze passiert das gleiche Missgeschick … Wie reagieren Sie?

Bevor Sie eine Katze bei sich aufnehmen, müssen sich alle Familienmitglieder über die Verantwortung und die idealen Haltungsbedingungen bewusst sein.

Liebe und Empathie

Die Basis für wertschätzende Emotionen Ihrer Katze gegenüber ist die Erkenntnis, dass sie kein Besitz ist (»Ich habe eine Katze«), sondern Sie mit Ihrer Katze zusammenleben (»Ich lebe mit Mann, drei Kindern, zwei Katzen und drei Kaninchen unter einem Dach«). Sie leben mit ihr und allen anderen Tieren also nicht in einem Besitzverhältnis, sondern in einer Beziehung, einem systemischen Gefüge.

Das Zusammenleben mit Tier und Mensch fordert jeden Tag unsere Kompromissbereitschaft heraus. Es geht immer um ein Schaffen einer Balance eigener Bedürfnisse und der Bedürfnisse aller anderen Mitglieder in einem Haushalt.

Wenn Sie Ihrer Katze mit Empathie begegnen und ihr Verhalten nicht als persönlichen Affront betrachten, werden Sie nicht mehr wütend und empört auf die zerbrochene Vase, den Pipifleck auf dem Perserteppich und die zerkratzte Armlehne des Sofas reagieren, sondern stattdessen den Fragen nachgehen: Warum hat sie das gemacht? Wie ist es passiert? Was braucht sie?

Porzellan-gleich haben sich die Katzen auf dem Sideboard drapiert. Das Bild kann sich aber von einer Sekunde zur anderen ändern …

Unbekümmert weitermachen

Das neutrale, auf Tatsachen beruhende Betrachten einer Situation ist eine entscheidende Basis für das harmonische Zusammenleben mit Ihrer Katze. Dann sehen Sie in der zerbrochenen Vase eben nur das, was es ist: eine zerbrochene Vase, heben die Scherben auf und vergeben Ihrer Katze das Missgeschick. Anstatt sich Ihren Emotionen von Wut und Frust hinzugeben, schenken Sie der Angelegenheit keine weitere Beachtung, sondern machen einfach »unbekümmert« weiter.

DIE KRAFT DES SYSTEMISCHEN FELDES

Eine Systemische Aufstellung dient der Klärung von Beziehungen aller Beteiligten und ist eine bildliche Veranschaulichung von ansonsten unsichtbaren energetischen Interaktionen und Wechselbeziehungen zwischen Individuen gleicher oder unterschiedlicher Spezies.
Viele Aufstellungen sind für mich ein Beleg dafür, dass Tiere durch ihr Verhalten oder durch ihre Erkrankungen auf nicht gelöste Probleme der Menschen in ihrem System – also in ihrem Haushalt, ihrer Familie – hinweisen. Tiere sind in das Familiensystem verstrickt, und so übernehmen speziell Katzen sehr häufig verdrängte, im Unterbewusstsein arbeitende persönliche oder familiäre Probleme. Es kommt auch vor, dass Tiere unbewusst Positionen von Personen im System einnehmen, die ausgeschlossen, vergessen oder nicht hinreichend gewürdigt worden sind. In der systemischen Arbeit geht es darum, die Qualität des Kontakts und die Kommunikationen untereinander sichtbar werden zu lassen und gegebenenfalls zu harmonisieren und niemals darum, einzelne Mitglieder des Systems zu manipulieren. Vor einer Aufstellung wird ein Anliegen formuliert, das betrachtet werden soll, beispielsweise: Eine meiner Katzen ist seit ein paar Wochen unsauber. Gibt es dafür (unter anderem) auch Ursachen, die ich im System, in meiner Familie finden kann? Nur wenn das Anliegen klar formuliert ist, kann geklärt werden, welche Mitglieder des Systems und weitere Aspekte wie zum Beispiel streunende oder bereits verstorbene Katzen in die Betrachtungen der Systemischen Aufstellung integriert werden müssen. Sowie sichtbar geworden ist, welche Verbindungen sich in Disbalance befinden, besteht die Möglichkeit einer energetischen Harmonisierung. Ein energetischer Ausgleich wird durch das Einzeichnen ausgewählter Worte oder auch Symbole auf die Verbindungslinie zwischen zwei Mitgliedern des Systems erreicht. Zusätzlich können den einzelnen Mitgliedern unterstützende Energien zur Verfügung gestellt werden, die einen Prozess zu einer gesunden Balance im System initiieren und fördern. Durch das Einzeichnen der harmonisierenden Worte und Symbole in das Motiv, das die Beziehungen visualisiert, entsteht ein sogenanntes Heilbild.

Sinnbilder als Zugang zur Sprache der Seele

Mimmi ist unsauber.

Gibt es Gründe, die sich in einer systemischen Aufstellung finden lassen? In der Aufstellung wird schnell deutlich, dass sowohl die vor Kurzem verstorbene Katze Lotti als auch streunende Katzen, die von Lisa Müller täglich gefüttert werden, energetischen Einfluss auf das System haben.

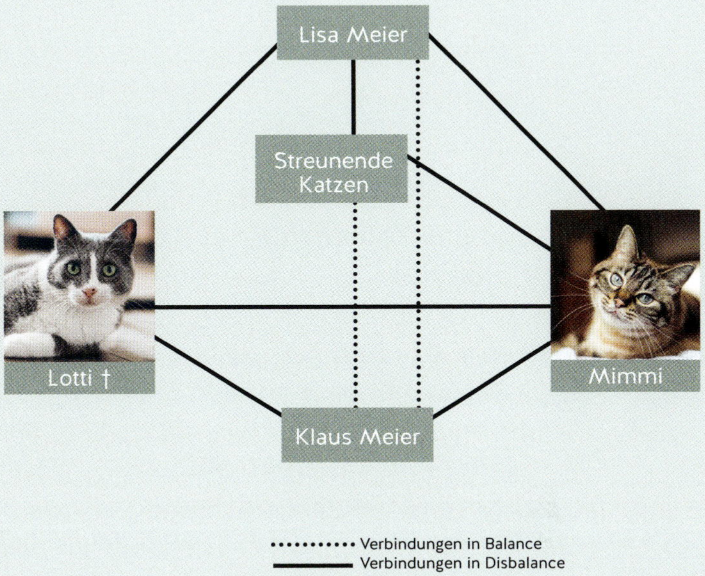

Heilbild

Eine Systemische Aufstellung und das Kreieren eines Heilbildes ist eine großartige Methode, heilende Prozesse zu unterstützen. In diesem Fall muss Lisa Müller aber auch sehr praktisch das Füttern der streunenden Katzen unterlassen und sich das Ehepaar mit dem Tod seiner Katze Lotti auseinandersetzen und sie loslassen. Das Heilbild ersetzt nicht die To-dos!

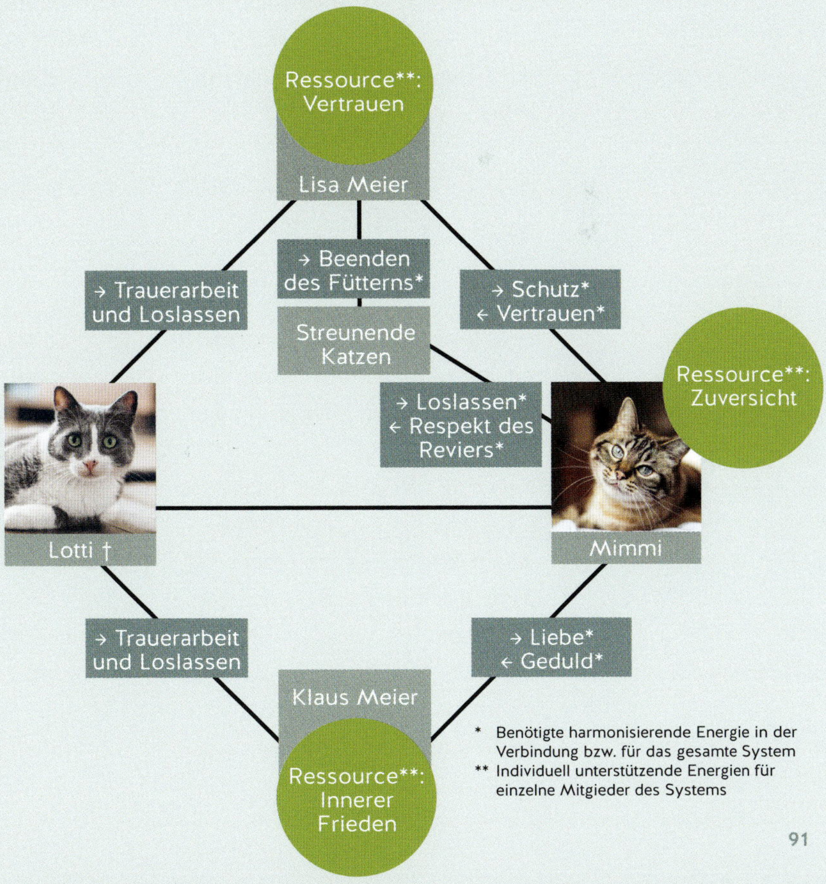

* Benötigte harmonisierende Energie in der Verbindung bzw. für das gesamte System
** Individuell unterstützende Energien für einzelne Mitgieder des Systems

Und jetzt Sie ...

Systemisches Stellen und das Zeichnen eines Heilbildes

Alles, was Sie benötigen, um Ihrem Anliegen aus systemischer Sicht auf den Grund zu gehen und ein Heilbild zu erstellen, sind zwei weiße Blätter Papier, einige Farbstifte, eine Schere UND Ihre Intuition.

So klappt es

- Überlegen Sie bitte, welches Thema Sie aus systemischer Sicht betrachten wollen: Vielleicht die Unsauberkeit Ihrer Katze?
- Schreiben Sie alle Mitglieder des Systems und Aspekte (vielleicht streunende Katzen auf Ihrem Grundstück), die Ihnen für die Klärung der Frage wichtig erscheinen, mit etwas Abstand in unterschiedlichen Farben auf ein Blatt Papier.
- Fragen Sie mit Hilfe des Fingerring-Tests (→ Seite 93), ob Sie alle Mitglieder berücksichtigt haben, die Sie für die Klärung Ihres Anliegens benötigen.
- Wenn alle Mitglieder berücksichtigt sind, schneiden Sie bitte die Liste so auseinander, dass Sie mehrere kleine Zettel erhalten, auf denen jeweils nur ein Name steht.
- Legen Sie anschließend die Zettel auf das zweite Blatt Papier. Schieben Sie die Zettel ein wenig hin und her, so lange, bis es sich »gut anfühlt«.
- Zeichnen Sie Verbindungslinien zwischen den Zetteln.
- Legen Sie nun bitte Ihren linken Zeigefinger nach und nach auf jede der eingezeichneten Linien und fragen Sie anschließend mit Hilfe des Fingerring-Tests: Ist diese Verbindung harmonisch und in Balance?
- Wenn Sie ein »Nein« erhalten, benötigt die Verbindung eine Harmonisierung.
- Fühlen Sie, was diese Verbindung benötigt. Ist es Respekt, Hingabe oder Mut? Oder vielleicht Verbundenheit, Liebe, ein Aufeinanderzugehen, Herzensverständnis oder Dankbarkeit? Mehr Kommunikation? Oder auch ein Beenden?
- Schreiben Sie das, was Sie als notwendig für eine Harmonisierung empfinden, an die entsprechende Linie.

Zeichnen Sie die Situation, die Sie systemisch betrachten möchten, farbenfroh!

Verfahren Sie genauso mit den Fragen, welche energetische Unterstützung die einzelnen Mitglieder benötigen: Ist es Zuversicht, Geduld, innerer Frieden, Hingabe?

- Wenn Sie alle Verbindungen getestet, alle harmonisierenden Wörter und benötigten energetischen Unterstützungen eingezeichnet haben, ist Ihr Heilbild fertig und »wirkt«. Hängen Sie es so auf, dass Sie es mehrmals täglich kurz betrachten können. Sie können das entstandene Heilbild, das Bild perfekter Harmonie und ausgeglichener Energie zwischen allen Beteiligten des Systems, auch mit der Übung von Seite 30 kombinieren und als ein Motiv verwenden, das bei Ihnen Dankbarkeit und Glück auslöst.

Wussten Sie, dass …

es einen »energetischen Schnelltest« gibt, den Sie jederzeit und überall durchführen können? Es ist der sogenannte Fingerring-Test, der aus der Kinesiologie stammt.

- Bilden Sie mit Zeigefinger und Daumen an beiden Händen ein »O« und schieben diese gebildeten Fingerringe ineinander.

- Wenn Sie versuchen, die beiden ineinander verschränkten Ringe auseinanderzuziehen, werden Sie spüren, dass das nicht so einfach möglich ist. Sprechen Sie nun mit Ihrem richtigen Vornamen den Satz: Ich heiße …, und versuchen Sie wieder, die Fingerringe auseinanderzuziehen, und es wird Ihnen nicht gelingen, da Ihr richtiger Name im Nervensystem keinen Stress auslöst.

- Sprechen Sie nun mit einem falschen Namen den Satz: Ich heiße …, und versuchen Sie wieder, die Fingerringe auseinanderzuziehen. Da dieser falsche Vorname Stress in Ihrem Nervensystem auslöst, werden die Muskeln nachgeben und die Fingerringe auseinanderrutschen.

- Ihr inneres System weiß also die Antworten: Ja, das stimmt, oder nein, das stimmt nicht. Probieren Sie es aus!

Rund-um-die-Uhr-Beziehung

Sie befinden sich mit Ihrer Katze in einem ununterbrochenen energetischen Austausch – wie wir gesehen haben, sogar dann, wenn Sie gar nicht in ihrer Nähe sind, sondern vielleicht Hunderte von Kilometern entfernt am Strand spazieren gehen. Ein absolutes, uneingeschränktes Wohlbefinden Ihrer Katze kann es also nur geben, wenn Sie Ihren Teil dazu beitragen und dafür sorgen, dass es Ihnen selbst gut geht und Sie im Gleichgewicht sind.

Katzen saugen menschliche Emotionen förmlich wie Schwämme auf und können durch ihr Verhalten die Gefühlszustände, in denen wir uns befinden, spiegeln.

Wenn Sie beispielsweise in großer Sorge um die Katze sind, Sie sie beschützen wollen und dabei nervös und ängstlich streicheln, wird Ihre Katze diese Emotionen spüren und vermutlich übernehmen. Oder auch wenn wir uns über längere Zeiträume zum Beispiel über etwas ärgern und wütend sind, laden sich unsere Tiere mit dieser Energie auf – und manchmal reicht dann ein einziger weiterer Tropfen, der das Fass zum Überlaufen bringt.

Katzen saugen unsere Emotionen auf wie Schwämme. Also Vorsicht, wenn Sie sich über eine E-Mail ärgern!

Wussten Sie, dass ...

Mitgefühl eine Emotion ist, die Systeme harmonisieren und heilvoll wirken kann? Mitgefühl ist eine wertvolle mentale und emotionale Qualität, die Menschen mit Menschen und Tieren verbindet, da es bedeutet, dass wir uns in die Lage einer anderen Person oder eines Tieres versetzen, ohne uns zu identifizieren. Wir benötigen Abstand und den neutralen und liebevoll-klaren Blick eines Beobachters, um nicht mitzuleiden und Kraft für Lösungen der Probleme entwickeln zu können. Mitleid erschafft – energetisch betrachtet – eher weitere Probleme, als dass sie gelöst werden.

Auf die eine Art und die andere Weise

Was Sie auch tun oder nicht tun – Sie kommunizieren. Das berühmte Zitat von Paul Watzlawick, einem österreichisch-amerikanischen Psychotherapeuten und Kommunikationswissenschaftler, »Man kann nicht nicht kommunizieren« trifft nicht nur für die Beziehung zwischen Menschen zu, sondern auch für die zu Ihrer Katze. Denn alleine durch Ihr – körperliches und energetisches – Sein und Ihr Verhalten gehen Sie in Kommunikation mit Ihrem Umfeld.

Sie kommunizieren verbal, indem Sie mit Ihrer Katze sprechen und sie in ihrer eigenen Lautsprache »zurückmalt«. Sie kommunizieren mit Blick, Gestik, Mimik und Ihrem gesamten Körper, indem Sie die Katze berühren und streicheln. Sie kommunizieren mental, alleine wenn Sie an Ihre Katze denken. Und wie Sie auf den letzten Seiten erfahren haben, kommunizieren Sie zusätzlich noch intuitiv-telepathisch, wenn Sie aus der Entfernung spüren, dass es Ihrer Katze nicht gut geht, sowie energetisch über das morphogenetische Feld.

Kommunikation zwischen Mensch und Mensch sowie Mensch und Tier ist zugleich Ursache und Wirkung, ist ein gesetzter Reiz und ein Verhalten als Reaktion auf diesen Reiz. So verläuft Kommunikation kreisförmig, ohne Anfang und Ende.

Jede Kommunikation hat zudem einen Inhalts- und einen Beziehungsaspekt, wobei Letzterer den ersten bestimmt. Eine rein informative Kommunikation kann es deshalb nicht geben. Auch durch Gestik, Mimik, Tonfall sowie die Natur und Art der Beziehung wird die Aussage quasi mitgeformt.

Zwischen den Zeilen

Wie mächtig Wörter sind, ist uns allen bekannt. Wir denken in Wörtern, wir sprechen sie aus. Die Wörter, die wir wählen, um unsere Gedanken, Emotionen und Erlebnisse zu beschreiben, bilden den Rahmen der Welt, in der wir leben.
Angeblich fliegen bis zu 80.000 Gedanken täglich durch unser Gehirn: die allermeisten ohne emotionale Auswirkung, nur etwa drei Prozent sind positiv, und knapp ein Viertel der Gedanken sind negativ!
Wissenschafter gehen sogar davon aus, dass unter Stress bis zu drei Viertel unserer täglichen Gedanken negativ sind.
Die Wörter, die wir in unserer Alltagssprache denken, haben einen direkten Einfluss darauf, wie sich unser Gehirn vernetzt und wie wir im Umkehrschluss überhaupt in der Lage sind zu denken. Gedanken formen also die Struktur unseres Gehirns – glücklicherweise ist diese angelegte Struktur aber durch »Think positive!«, durch Lernen oder auch Mantren, Gesänge oder Gebete veränderbar.
Könnten wir also alleine durch das Denken und Sprechen ausgewählter Wörter, mit denen wir beispielsweise herausfordernde Situationen beschreiben, unsere Gehirnstrukturen auf neuartige Weise so vernetzen, dass sich zuvor nicht erkannte Lösungsmöglicheiten zeigen? Ja, das können wir tatsächlich!
Schon der römische Kaiser Marc Aurel wusste: »Auf die Dauer der Zeit nimmt die Seele die Farbe der Gedanken an.« Wie schon in den vorherigen Kapiteln beschrieben, erschaf-

Selbst wenn sich Ihre Katze einmal nicht so verhält, wie Sie es gerne hätten: Katzen sind uns gegenüber niemals hinterhältig oder gar boshaft.

Wussten Sie, dass …

selbst der Name Ihrer Katze Einfluss auf Ihre Beziehung haben kann? Wenn Sie Ihre Katze »Teufel, Monster oder Kratzbürste« nennen, drücken Sie damit die Art der Verbindung aus, die Sie mit ihr haben. Wählen Sie stattdessen einen wohlklingenden Namen mit einer positiven Bedeutung.

fen wir durch unser Denken und die dadurch ausgelösten Gefühle letztendlich unsere Realität. Wenn wir uns entscheiden, positiv zu denken, in Respekt und Wertschätzung uns und anderen Menschen und Tieren gegenüber zu leben, wird unser Leben sich entsprechend unserer Gedanken und Emotionen auch im Außen in der Regel eher rosarot als mausgrau zeigen.
Wenn Sie sich beispielsweise »grundlos angegriffen« fühlen oder hinter jedem Pipifleck im Bett »Boshaftigkeit und Hinterhältigkeit« vermuten und dieses so anderen gegenüber äußern, unterstellen Sie Ihrer Katze in ihrem Verhalten eine Absicht und messen ihm damit eine Bedeutung zu, die es nicht hat.

Distanziert, faktisch, neutral

Durch Ihre persönliche Wahrnehmung und entsprechende Wortwahl färben Sie das Problem, das Sie mit Ihrer Katze haben, in der Regel in dunkleren Farben, als es sein müsste. Beschreiben Sie die Vorfälle mit Ihren Tieren wertfrei und beschränken Sie sich auf die Tatsachen.
Ein Kothaufen neben der Toilette ist genau das: ein Kothaufen neben der Toilette. Nicht mehr. Nicht weniger. Katzen handeln nicht bewusst böswillig. Nichts passiert zufällig. Verhaltensproblematiken gründen häufig in einer Kombination unterschiedlichster Ursachen und sind niemals ein persönlicher Angriff gegen Sie. Also: Schütten Sie den verbalen Graben, der sich vielleicht zwischen Ihnen und Ihrer Katze gebildet hat, einfach zu!

KATZE + KATER + KATZE …

Dass Katzen reine Einzelgänger sind, ist zwar ein Mythos. Ob sie aber lieber alleine leben oder mit zwei, drei oder noch mehr Artgenossen, lässt sich nicht pauschal beantworten, da eine gelungene Organisation in Mehrkatzenhaushalten immer von diversen Faktoren abhängig ist. Aus biologischer Sicht sind Katzen vollkommen autark, und es besteht außerhalb der Paarungszeit kein Grund, mit Artgenossen zusammenzuleben. Das Zusammenleben mit anderen Katzen ist also keine Notwendigkeit zum Überleben, sondern, wenn man so will, Geschmackssache – eine freiwillige Entscheidung. Es gibt unterschiedlichste soziale Formen, in denen Katzen leben: vom Einzelgänger über eine feste Paarbeziehung bis hin zu engen Freundschaften zu mehreren Katzen.

Dicke Freunde: Wenn Katzen sich gegenseitig putzen oder aneinanderreiben, heißt das: I love you!

Wussten Sie, dass …

es einen sehr versteckten Grund geben kann, weshalb sich neu aufgenommene Tiere nicht gut einleben können? Wenn ein Tier über die Regenbogenbrücke gegangen ist, fühlen wir uns, als ginge die Welt unter. Um den Schmerz etwas besser kompensieren zu können, kann der Wunsch, schnell ein neues Tier bei sich aufzunehmen, groß sein. Wenn wir unseren Trauerprozess noch nicht abgeschlossen haben, wird das neue Tier unsere noch bestehende starke emotionale Verbindung zu seinem verstorbenen Vorgänger spüren. Das kann auch einer der Gründe sein, weshalb »neue« Tiere unerwünschtes Verhalten zeigen: Sie können den ihnen zugedachten Platz im System nicht einnehmen, da dieser quasi noch besetzt ist.

Auch wenn Katzen gut sozialisiert sind und in den ersten Wochen Kontakt zu Geschwistern hatten, bedeutet das nicht zwangsläufig, dass sie ihr Leben mit anderen Katzen teilen möchten. Über die Wünsche und Vorlieben kann eine Tierkommunikation Auskunft geben. Entscheidend für die Verträglichkeit innerhalb von Katzengruppen ist aber immer, wie und ob die Ressourcen, sprich der Bewegungsraum, Toiletten, Ruhe- und Schlafplätze, Futter, menschliche Aufmerksamkeit, Beschäftigung und Liebe, zugänglich sind.

Hauskatzen sind – vor allem wenn sie in einem intakten Verband aufgewachsen sind – grundsätzlich in der Lage, mit Artgenossen in einem gemeinsamen Revier zu leben. Und doch kommt es vor allem unter reinen Wohnungskatzen sehr häufig zu Auseinandersetzungen, da sie gezwungen sind, sich auf begrenztem Raum ihre Ressourcen zu teilen. Je mehr Katzen in einem Haushalt leben, desto wahrscheinlicher kommt es zu Rangeleien. Umso wichtiger ist es, auf die Bedürfnisse Ihrer Katzen bei der Verteilung und Erreichbarkeit von Ressourcen zu achten. Katzen, die sich wohlgesinnt sind, nutzen häufig gleiche Pfade zu ihren Ressourcen und können sie sogar in unmittelbarer Nähe teilen. Ängstliche oder stark territorial ausgerichtete Tiere benötigen hingegen zusätzliche und sichere Möglichkeiten, Ressourcen zu erreichen.

Faszination, der Wunsch, einer traumatisierten Kreatur aus dem Tierschutz helfen zu wollen oder Ihrer

Katze mehr Abwechslung im Alltag zu bieten – die Gründe, eine oder mehrere, weitere Katzen bei sich aufzunehmen sind für jeden anders. Beachten Sie bitte: Wenn Sie im Moment zusammen mit zwei Katzen in einem Haushalt leben, bestehen derzeit sechs wechselseitige Beziehungen, die aufeinanderwirken. Kommt nur eine Katze hinzu, gibt es zwölf – also doppelt so viele! – wechselseitige Beziehungen. Fragen Sie sich bitte, bevor Sie sich für ein weiteres Tier entscheiden, ob Ihre Katze tatsächlich einen (neuen) Partner benötigt, mit dem sie ihre Ressourcen zukünftig teilen müsste. Haben Sie genügend Hände zum Streicheln sowie Zeit und Lust zu spielen? Haben Sie genug Platz, jeder Katze Bewegungsfreiraum und Rückzugsorte zu ermöglichen?

Beschlossene Sache!

Der Beschluss ist gefasst: Sie möchten eine weitere Katze bei sich aufnehmen. Und Sie sind sich bewusst, ganz egal wie gewissenhaft Sie sich auf den Neuzugang vorbereiten, dass Sie ein Wagnis mit etlichen unbekannten Variablen eingehen. Ein Wagnis, das – wie bereits ausführlich beschrieben – das gesamte Gefüge, den derzeitig eingespielten Rhythmus, in dem sie zusammenleben, verändern wird. Und Sie wissen, dass jede Veränderung im Außen unvermeidlich eine Veränderung im Verhalten jedes Einzelnen – ob Mensch oder Tier – zur Folge hat.
Gut! Dann bleibt die Frage: Wie finden Sie die Richtige? Die gleiche Rasse, das gleiche Alter, das gleiche Geschlecht, der gleiche Wurf – all das können Entscheidungshilfen

Wussten Sie, dass …

es einen sehr simplen Test gibt, der Ihnen zeigt, ob das ausgewählte Kitten über ausreichend Selbstkontrolle verfügt? Heben Sie die junge Katze an der Nackenfalte hoch und berühren Sie sie am Rücken: Zieht sie die Beine an, macht den Rücken rund und hat einen etwas abwesenden Ausdruck im Gesicht, wird sie später eine eher tolerante Katze sein. Wenn das Wollknäuel hingegen die Vorderpfoten mit ausgefahrenen Krallen nach vorne streckt oder sich sogar fauchend wehrt, wird die Toleranz dem sozialen Umfeld gegenüber später einmal eher gering sein.

In Mehrkatzenhaushalten ist es von essenzieller Bedeutung, alle notwendigen Ressourcen für alle Katzen gleichermaßen verfügbar zu machen.

dafür sein, welche Tiere in einem Haushalt am ehesten harmonisch zusammenleben können. Ich bin der Überzeugung, dass es zwei besonders wichtige Kriterien für eine gelingende Zusammenführung von Katzen gibt: zum einen ein ähnliches Energielevel und zum anderen die bisherigen Erfahrungen, die der Neuzugang mit anderen Katzen gemacht hat.

Raufen oder chillen?

Katzen, die über lange Zeit alleine gehalten wurden, sowie Opfer- bzw. Täterkatzen bringen in der Vergesellschaftung immer mehr Unvorhersehbares mit als gut sozialisierte Tiere. Katzen lernen in ihrem sozialen Verbund voneinander und miteinander zu interagieren. Fehlt diese Erfahrung ganz oder ist sie mit schlechten Erlebnissen verknüpft, kann eine Zusammenführung mit anderen Katzen problematisch werden. Achten Sie also darauf, dass Ihr Neuzugang bereits positive Beziehungen zu anderen, nicht verwandten Katzen aufbauen konnte.

Wenn Sie eine Katze haben, die nicht lange um den heißen Brei herumtanzt, sondern ihren Mitbewohner etwas ungehobelt zur wilden Verfolgungsjagd über Bücherregale, durch Betten und Kleiderschränke auffordert, während dieser sich lieber sonnend auf der Fensterbank räkelt: Dann ist Stress für alle Beteiligten vorprogrammiert. Katzen sollten am besten ein ähnliches Verlangen nach Aktivitäten, ähnliche Vorlieben, was Spielen und Raufen betrifft, sowie ein ähnliches Bedürfnis zu chillen und zu schlafen haben.

Die »Neue « ist da: Tasche auf und warten, was passiert? Oder bis etwas passiert? Bitte nicht!

Die Mutter der Porzellankiste

Es ist Ihre Aufgabe, dafür zu sorgen, dass sich Ihre Katzen friedlich begegnen und kennenlernen können. Katzen planlos und in der Annahme, »das regeln sie schon untereinander«, aufeinander loszulassen, ist wohl der gravierendste Fehler, der bei einer Zusammenführung von Katzen gemacht werden kann. Katzen sind extrem territorial und haben deshalb eine gleichermaßen extreme Abneigung gegen Eindringlinge in ihr Reich. Wir würden es auch nicht (immer …) feiern, wenn jemand Fremdes in unserem Bett liegt, der sich begierig über unser Lieblings-Tiramisu hermacht und anschließend unsere Zahnbürste benutzt. Wir bräuchten auch ein wenig Zeit …
Ich möchte Ihnen daher ans Herz legen, ein paar Gänge runterzuschalten und das erste Face-to-face-Meeting behutsam vorzubereiten.

Liebevoll durchdacht

Jede Form von Veränderung bereitet Katzen Stress. Deshalb seien Sie bitte mit Herz und Hirn dabei, wenn Sie die Szenerie des Einzugs Ihrer (neuen) Katze planen. Wertvolle Tipps zur räumlichen Gestaltung des Ambientes finden Sie im folgenden Kapitel.
An dieser Stelle möchte ich Ihnen die wichtigsten chronologischen Schritte für einen gelingenden Einzug Ihrer Samtpfote erläutern.
Bitte stellen Sie vor dem Einzug einer weiteren Katze unbedingt zusätzliche Schlaf- und Rückzugsplätze, Toiletten, Kratzbäume, Futter- und Trinkplätze sowie Spielzeuge zur Verfügung. Eine räumliche Trennung der neuen Katze von allen anderen im Haushalt lebenden Tieren ist direkt nach dem Einzug aus meiner Sicht nichts, worüber Sie lange nachdenken sollten: Sie ist unverzichtbar.

Richten Sie für Ihren Neuankömmling einen separaten Raum mit allen notwendigen Ressourcen ein und geben Sie ihm die Chance, Vertrauen aufzubauen und sich zu entspannen. Bringen Sie Ihren neuen Liebling bitte nicht in der Garage, einem Abstellraum oder Ähnlichem unter, sondern in einem Raum, in dem Sie sich häufig aufhalten, der also »Ihren Duft trägt«. So kann sich Ihr Duft mit dem der Katze vermischen.
Bringen Sie die neue Katze bitte auch nicht in dem Raum unter, an dem sich die ansässige Katze am liebsten aufhält – das könnte übel genommen werden. Um eine Reizüberflutung und damit Ärger zu vermeiden, sollten Sie die Katzen Schritt für Schritt, sprich Sinn für Sinn (Riechen, Hören, Sehen, Berühren) zusammenführen. Katzen gewinnen durch diesen schrittweisen Prozess das Selbstvertrauen, das sie bei der Begegnung von Angesicht zu Angesicht mit dem neuen Mitbewohner benötigen. Beachten Sie bitte bei all den Planungen der kleinsten zu bedenkenden Details, dass eines ganz wichtig ist: Bleiben Sie locker und intuitiv! Und vertrauen Sie darauf, ja WISSEN Sie, dass es funktioniert! In dem Moment, in dem Sie eine Auseinandersetzung beider Katzen befürchten, strahlen Sie diese Angst aus, und das werden die Katzen spüren. Bleiben Sie ganz gelassen und entspannt. Das ist die beste Voraussetzung, um souverän eingreifen zu können, falls die Zusammenführung doch etwas holpriger verläuft als erwünscht.

Ein separater Raum für den Neuankömmling sollte auch einen Sichtkontakt zu allen anderen im Haus lebenden Tieren nicht ermöglichen.

Und jetzt Sie …

Zusammenführen Ihrer Katzen

Die folgenden Tipps sind sehr viel leichter zu zweit umzusetzen. Sollten Sie alleine leben, dann fragen Sie bitte zumindest für den letzten Part »Endlich zusammen« Freunde, die Sie unterstützen können.

So klappt es

Ich kann dich schon riechen

Wir starten mit dem Geruchssinn, dem Kennenlernen des Geruchs der jeweils anderen Katze: Tauschen Sie dafür beispielsweise eine Decke, auf der die frisch eingezogene Samtpfote gelegen hat, mit einer Decke Ihrer alteingesessenen Katze aus und lassen beide den Geruch der anderen Katze kennenlernen.

Tauschen Sie täglich mehrere Gegenstände aus: Spielzeuge, Kissen, Kratzbäume etc. Wenn beide Katzen ruhig bleiben, während sie die Duftquelle der jeweils anderen Katze inspizieren, können Sie einen Ortstausch wagen. Lassen Sie die neue Katze auf diese Weise Raum für Raum ihres neuen Zuhauses erkunden und achten Sie bitte nach wie vor darauf, dass die Katzen sich nicht sehen können. Zeitlich parallel zum

Die geöffnete Tür: das ersehnte Zeichen einer gelungenen Zusammenführung.

Kennenlernen der gegenseitigen Gerüche stellen Sie bitte zu festgelegten Zeiten die Fressnäpfe der Katzen etwa zwei bis drei Meter auf jede Seite einer verschlossenen Tür, hinter der sich die Katzen aufhalten. Wenn beide Katzen in Ruhe fressen können, während sie die andere Katze durch die verschlossene Tür »spüren« können, verringern Sie den Abstand nach und nach.

… auf den ersten Blick

Wenn beide Katzen gelassen bleiben, sobald sie den Duft der jeweils anderen wahrnehmen, können Sie damit beginnen, den Sichtkontakt vorzubereiten. Bauen Sie dafür eine Gittertür, die von keiner der beiden Katzen überwunden werden kann, in den Türrahmen des Zimmers, in dem sich Ihre neue Katze sichtlich wohlfühlt. Wahrscheinlich ist es das Zimmer, in dem Sie sie direkt nach der Ankunft untergebracht haben.

Verhängen Sie das Gitter mit einem entsprechend großen Tuch zunächst komplett. Auf diese Weise können Sie die Intensität und die Dauer des Sichtkontakts jederzeit steuern. Weniger ist mehr: Beginnen Sie nun, das Tuch Stückchen für Stückchen vom Boden anzuheben, und beobachten Sie dabei das Verhalten Ihrer Katzen genau. Sobald eine der beiden Katzen nervös oder irritiert wirkt, wird der Vorhang wieder gesenkt … Achten Sie bitte darauf, dass der Erregungslevel möglichst gering bleibt. Wiederholen Sie an der mehr oder weniger verhängten Gittertür das Füttern aus den Näpfen, deren Entfernung voneinander Sie Stück für Stück verringern. Das Schauspiel des sich hebenden und senkenden Vorhangs, gepaart mit den verschobenen Futternäpfen, kann Tage oder auch Wochen gespielt werden – wiederholen Sie die Aufführungen so lange, bis die beiden Katzen auch ohne die stoffliche Abdeckung gelassen bleiben und in Ruhe fressen können.

Endlich zusammen

Jetzt ist der lang ersehnte Moment gekommen – aber auch dieser sollte planvoll gestaltet werden. Schaffen Sie in einem Raum zwei Bereiche mit möglichst großem Abstand, in denen die Katzen voneinander getrennt spielen können. Sie selbst spielen mit der einen, eine zweite Person mit der anderen Katze. Ihre Aufgabe besteht darin, beide Katzen in ihrem Bereich mit Ihnen spielen zu lassen, ohne dass sie die jeweils andere Katze fokussiert.

Verringern Sie während der nächsten Spieleinheiten den Abstand der beiden Bereiche. Wenn die Katzen keinerlei Anstalten machen, übereinander herfallen zu wollen, haben Sie es geschafft.

KOMMUNIKATION MIT TEUFEL

Vier Katzen, ein Hund und ein Mensch auf zwei Ebenen

Juliane lebte mit ihrem Kater Teufel, der alten Katzendame Mila und ihrer Hündin Maja zusammen in einer großen Wohnung über zwei Ebenen. Teufels enger und geliebter Kumpel Lucky war vor ein paar Wochen verstorben, und schnell sollte ein neuer Spielfreund für Teufel gefunden werden. Aber statt nur eines weiteren Katers purzelten die beiden jungen Geschwister Peppi und Eddi in aller bisher harmonisches Leben. Seitdem gab es heftige Auseinandersetzungen zwischen den Tieren.
Teufel zog sich immer mehr zurück und wurde aggressiv, sobald die beiden Neuzugänge sich ihm näherten. Für alle nur das Beste wollend, fand sich Juliane zwischen fauchend-kämpfenden Katzen und nicht mehr zu übersehenden Urinflecken in ihrer Wohnung wieder und war ratlos, wie es weitergehen könnte.

Alle wollen berücksichtigt werden

Zunächst habe ich mir in einer Systemischen Aufstellung (→ Seite 90) die energetischen Verbindungen aller Katzen, der Hündin sowie auch zu Juliane sichtbar gemacht und die Beziehungen der Tiere untereinander, ihre Spannungen, Konflikte, Zuneigung, Liebe, aber auch Dynamiken von wiederkehrenden Mustern und Problemen erspürt. Für diese Form des Systemischen Stellens reichen Fotos oder auch nur die Namen aller zu diesem System gehörenden Lebewesen aus. Wunderbar an dieser Methode ist, dass ich auch die energetische Bedeutung des verstorbenen Katers Lucky berücksichtigen

konnte. Denn auch die Energie von Verstorbenen kann innerhalb eines Systems noch eine wesentliche und beeinflussende Rolle spielen. Wie funktioniert das? Ich habe alle Fotos, die ich von Juliane erhalten habe, auf einem Tisch ausgelegt und intuitiv einander zugeordnet, bis ich die nicht-harmonisch funktionierenden Verbindungen gefunden und erspürt habe. Es geht bei der Systemischen Aufstellung nicht darum, die einzelnen Beteiligten beispielsweise in ihrem Verhalten zu beeinflußen, sondern ausschließlich darum, die Verbindungen untereinander zu harmonisieren und einen heilenden Impuls durch die energetische Arbeit zu setzen. Alle am System Beteiligten werden telepathisch gefragt, welche energetischen Ressourcen sie benötigen, um in Harmonie mit den anderen zu sein.

Auf einen Blick

Themen

- Harnmarkieren
- Aggressionen unter den Katzen

Ursachen

- Stress im Mehrkatzenhaushalt
- Kampf um Ressourcen
- Wunsch nach anderem Namen

Empfehlungen

- Neuer Name für Teufel
- Weitere Ressourcen (Wasser, Futter, Toiletten)
- Ressourcen für alle Katzen ohne Einschränkungen erreichbar
- Energetische Harmonisierung der Beziehungen des gesamten Systems
- Energetische Behandlungen für Teufel, Peppi und Eddi
- Aktives Spielen mit jeder einzelnen Katze
- Bachblütenmischungen

Resultat

- Nach etwa vier Wochen hat sich die Situation vollkommen entspannt.

Der Teufel liegt manchmal im Detail

Kaum dass ich den telepathischen Kontakt zu Teufel aufgenommen hatte, platzte es – so als ob er auf diesen Moment bereits lange gewartet hatte – förmlich aus ihm heraus:

»Ich möchte einen anderen Namen haben. Alle haben einen fröhlich schwingenden Namen. Und ich bin durch meinen Namen das Böse in Gestalt! Ich möchte Felix heißen!«, beklagte sich Teufel … bzw. Felix.

Ich berichtete Juliane von diesem eindrücklichen und kurzen Statement, das ich von ihrem älteren Kater erhalten hatte. Und Juliane stimmte dieser Änderung sofort und gerne zu, hatte sie sich doch mit den Schwingungen, die der Name Teufel mit sich brachte, immer etwas unwohl gefühlt.

Ein Neustart mit Felix

Von den ersten positiven Veränderungen konnte mir Juliane bereits wenige Tage nach der Systemischen Aufstellung und den Kommunikationen berichten. Es kann vorkommen, dass allein durch die Kontaktaufnahme, durch die besondere Aufmerksamkeit, die die Tiere damit erfahren, und den Heilimpuls, der durch eine Aufstellung gesetzt wird, »Steine ins Rollen kommen« – und zwar in die gewünschte Richtung.

Wussten Sie, dass …

Aggression alle Verhaltensweisen umfasst, die zu einer physischen oder psychischen Beeinträchtigung eines anderen führen? Nach dieser Definition ist bereits eine Drohung und nicht erst der Angriff ein Akt aggressiven Verhaltens. Es gibt eine Reihe von Aggressionsarten, die man in der Therapie unterscheidet:

- Spielaggression
- Schmerzbedingte Aggression
- Angstaggression
- Territoriale Aggression
- Umgerichtete Aggression

Mit großer Liebe zum Detail und in alle Richtungen sprühendem Engagement erfüllte Juliane alle weiteren Wünsche der Katzen, die ich in den Kommunikationen erfahren hatte.
Sie verteilte zusätzliche Wasser- und Futternäpfe sowie weitere Toiletten an den von den Katzen mitgeteilten Positionen in ihrer Wohnung. Sie gestaltete Catwalks, sodass die Katzen, ohne sich gegenseitig zu irritieren, aneinander vorbeikommen, und schuf erhöhte Aussichtsplattformen mit Kuschelkissen, sodass die Samtpfoten heute das soziale Leben auch einmal aus gesicherter Entfernung beobachten können, anstatt sich immer als Teil des Getümmels zu sehen.
Über vier Wochen genoss Felix energetische Behandlungen und wurde in Julianes Augen wieder ganz der Kater, den sie kannte und liebte: verspielt, verschmust, vernascht.
Juliane nimmt sich seit dem unglücklichen Harnmarkieren außerdem jeden Tag Zeit, die ausschließlich den Katzen gewidmet ist. Sie spielt mit jeder einzelnen Katze und schenkt ihr die volle Aufmerksamkeit – so wie sie es für ihre Hündin immer mit Selbstverständlichkeit tut.

FENG SHUI FÜR SAMTENE PFOTEN

Nach Feng Shui – einer chinesischen Lehre – kann durch besonnene Gestaltung eine Harmonie zwischen Menschen und ihrem Lebensraum erreicht werden. Wir betrachten auf den folgenden Seiten, was Feng Shui für unsere Katzen bedeutet.

Sie betreten das Zimmer und Ihre Katze rollt sich auf den Rücken, streckt Ihnen ihre Beine entgegen und lässt Sie dabei nicht aus den Augen? Dies ist eine kätzisch-freundliche Begrüßung, die Ihr Liebling nur dann zeigt, wenn er sich sicher fühlt.

AMBIENTE MIT KATZENFLAIR

Ein weiterer wichtiger Baustein für Ihr eigenes Wohlbefinden und das Ihrer Katzen ist ein energetisch ausgewogen gestalteter Lebensraum. Feng Shui ist eine daoistische Lehre aus China, deren Ziel es ist, die Einflüsse der Umwelt und des Wohnumfeldes auf den Menschen zu harmonisieren. Was für uns Menschen gilt, ist aus meiner Sicht auch auf Tiere übertragbar. In der Feng-Shui-Lehre spielt der Fluss von Energien eine entscheidende Rolle. Positiv schwingende Energie wird eingeladen, harmonisch und frei durch die Räumlichkeiten zu fließen, um dadurch das Leben der Bewohner positiv zu beeinflussen. Negative und belastende Energien werden dagegen so geleitet, dass sie aus den vier Wänden ins Freie entweichen können.
Die positiv schwingende Chi-Energie umfasst sowohl »Yin«, den Ruhepol, als auch »Yang«, die Bewegung. Denn beide Aspekte sind für unsere eigene Balance sowie die unserer Tiere wichtig.
Um den Energiefluss anzukurbeln, ist es entscheidend, regelmäßig frische Luft in die Räume strömen zu lassen, Möbel, Pflanzen und Accesssoires optimal zu positionieren und: aufzuräumen! Speziell Katzen sind keine Fans von unübersichtlichem Chaos.

Die meisten Katzen bevorzugen Plätze, von denen aus sie mögliche Gefahren sofort erkennen und gleichzeitig nicht gesehen werden können.

Wussten Sie, dass …

Wasser in der Lehre des Feng Shui eines der wichtigsten Elemente ist? Wasser steht für harmonisches Fließen, kann Räume energetisieren sowie den Energiefluss in Räumen aktivieren und verbessern.
Auch Katzen lieben fließendes Wasser. Grundsätzlich können Zimmerbrunnen als Trinkbrunnen für Katzen dienen, sofern normales Leitungswasser ohne Zusätze eingesetzt wird. Und: Das Wasser muss selbstverständlich immer frisch sein, also frei von Keimen, Bakterien und sonstigem Schmutz. Zu beachten ist des Weiteren, dass Katzen ausreichend Freiraum beim Trinken benötigen, da es für sie äußerst unangenehm ist, sich die empfindlichen Schnurrhaare am Brunnenrand zu stoßen. Da ein Zimmerbrunnen den Fluss der Energie stärkt und aktiviert, sollte er nicht im Schlafzimmer aufgestellt werden, da Ihre Nachtruhe gestört werden könnte.

Panta rhei – alles im Fluss

Ausschlaggebend für einen harmonischen Energiefluss in den Wohnräumen ist, dass alle – Menschen und natürlich auch Tiere – sich ohne Hindernisse oder Gefahren von A nach B bewegen können – vor allem in den sozial relevanten Bereichen, das heißt in den Räumen, in denen »etwas los ist«.
Durch verwinkelte Architektur der Räume, durch verschachteltes oder zu enges Stellen der Möbel, durch Unordnung oder durch unglückliche Positionierung und Verteilung der Ressourcen können für die Katzen Bereiche entstehen, die zu Sackgassen werden und dadurch enormes Konfliktpotenzial bergen. Eine Toilette versteckt hinter der Waschmaschine, ein Fressnapf unter dem Schrank, ein begehrter Liegeplatz mit nur einem Zuweg: Das reicht schon aus, um eine Einzelkatze zu irritieren oder eine Konfrontation zwischen zwei oder mehreren Katzen zu provozieren. Was nach den Regeln des Feng Shui eine Buddha-Figur, ein Spiegel oder eine Glaskugel an geeigneter Stelle für den freien Energiefluss und damit für unser Wohlbefinden bewirken können, kann für Katzen ein Kratzbaum oder eine Pflanze in engen Zugängen zu Ressourcen und potenziell konfliktträchtigen Bereichen sein.

Die Trink-Vorlieben sind sehr unterschiedlich: Manche Katzen mögen fließendes Wasser, manche trinken abgestandenes aus einem Glas. Die meisten bevorzugen flache Wasserschalen, damit ihre Schnurrhaare geschont bleiben.

Konflikte können vermieden werden, wenn auf der horizontal räumlich begrenzten Ebene (wie etwa eine Treppe oder ein Flur) Umleitungen eingerichtet werden, die entweder die aufeinanderprallenden Energien zweier Katzen wie um einen Kreisel lenken, oder aber die vertikale Ebene ausgebaut wird. Besonders kritisch sind in Wohnungen oder Häusern in der Regel die Bereiche von Treppen und Fluren, also engen Durchgängen, die von Tieren und Menschen gleichermaßen genutzt werden müssen. Mit einer ausgebauten vertikalen Welt machen Sie das Zusammenleben Ihrer Katzen entschieden leichter. Und wenn es doch einmal eng wird: Hauskatzen haben eine Glücksformel für begrenzten Raum und limitierte Ressourcen entwickelt: Wie in einem Time-Sharing-Modell nutzen Katzen die gleichen Plätze und Räume zu unterschiedlichen Zeiten und kommunizieren dabei mit Hilfe von Duftmarkierungen. Solange der Zugang zu allen Ressourcen gewährleistet ist, können Katzen sich selbst einer großen räumlichen Einschränkung anpassen. Während männliche Wildkatzen Streifgebiete von etwa 1500 bis 3000 Hektar nutzen können – diese allerdings mit großen Überlappungsbereichen mehrerer Kater –, streifen weibliche Wildkatzen durch einen verhältnismäßig kleinen Raum von etwa 300 bis 800 Hektar. Die Größe des Territoriums unserer Hauskatzen, die die Möglichkeit haben, nach draußen zu gehen, ist von der Verfügbarkeit des Futters abhängig. Solange köstliches Futter im Napf auf unsere Samtpfote wartet, wird sie sich nicht sehr weit von der häuslichen Umgebung entfernen.

Und jetzt Sie …

Werden Sie zum Feng-Shui-Meister für Ihre Katzen

Um sich einen Überblick darüber zu verschaffen, wo was seinen Platz finden kann, ist es sinnvoll, einen Grundriss mit allen notwendigen Ressourcen zu zeichnen.

So klappt es

- Zeichnen Sie zunächst den Ist-Zustand, falls notwendig mit Tabuzonen, Bereichen, in denen es zu Aggressionen kommt, sowie Bereichen, in denen es Urin- und/oder Kotabsatz außerhalb der Toilette gibt.
- Zeichnen Sie anschließend das Katzen-Wohlfühlparadies mit
  Futternäpfen
  Wassernäpfen und -brunnen
  Schlaf- und Ruheplätzen
  Sichtgeschützten Rückzugsorten
  Erhöhten Beobachtungsplätzen
  Katzentoiletten
  Kratzmöglichkeiten
  Möglichkeiten, zu klettern und selbstständig zu spielen
  Bereichen für gemeinsames Spielen mit Ihnen

HINWEIS: Die oben genannten Positionen sind alle ein Muss (zumindest für Wohnungskatzen).

Alles im Blick: Ein idealer Aussichtspunkt, von dem aus Ihre Katze das Geschehen eine Etage tiefer genau beobachten kann.

»Architektur ist eine Brücke zwischen Erde und Luft.«

Diesem Zitat des berühmten Architekten Renzo Piano würden Katzen aus tiefstem Herzen zustimmen: Lieben sie es doch, die vertikale Welt zu erklettern und sich zu eigen zu machen.

Denken Sie »raumwärts«: So können Sie die vielfältigen Optionen aus horizontalen und vertikalen Achsen nutzen und auch mehreren Katzen in Ihrer Wohnung ausreichend Platz bieten. Ähnlich einem vertikalen Gemüsegarten, können Sie Ihrer Katze einen platzsparenden Wander- und Kletterpark, bestehend aus sogenannten Catwalks, Katzentreppen und -rampen, an den Wänden Ihrer Wohnräume bieten. Lebt mehr als eine Katze in Ihrem Haushalt, sollten Sie diverse Ein- und Ausgänge zu dem Wand(er)-Park schaffen, damit keine Sackgassen entstehen und ein harmonisches Kommen und Gehen möglich ist.

In jeden abwechlungsreichen Wander- und Kletterpark gehören Aussichtsplattformen, Liege- und Ruheplätze und Verstecke: Legen Sie Kissen und Decken beispielsweise auf Schränke, die über die Catwalks erreicht werden können, und binden Sie Kratzgelegenheiten und Spielzeuge in die Raumgestaltung ein – so werden Sie zum Feng-Shui-Meister für Ihre Samtpfote.

Mit einem einzigen Kombinationsmöbel, einem alle Wünsche erfüllenden Plüschkratzkletterbaum, ist es leider nicht getan. Ihre Katze benötigt räumlich getrennt voneinander mehrere Kratzgelegenheiten, Rückzugsbereiche und erhöhte Aussichts-

Sie sind handwerklich begabt? Dann können Sie sofort Ihre Säge aus dem Keller holen und für Ihre Samtpfoten einen Kletterpark kreieren, der keine Wünsche offen lässt!

Wussten Sie, dass ...

alle Katzen sichere, warme und trockene Rückzugsplätze brauchen? Ihrer Raubtiernatur entsprechend, sollte ein höhlenartiger, sichtgeschützter Rückzugsort so positioniert sein, dass Ihre Katze freie Sicht nach allen Seiten und damit auch Fluchtmöglichkeiten hat, sollte sie sich bedrängt fühlen.

plattformen. In einem Mehrkatzenhaushalt sollten alle Ressourcen im Überfluss vorhanden sein.

Minimalismus und Monotonie

Der minimalistische Stil ist in unserer Architektur seit Jahrzehnten präsent. Minimalistisch eingerichtete Wohnräume sind uns oft ein willkommener Gegenpol zu dem allseitigen optischen Gewimmel, dem wir häufig ausgesetzt sind.

Minimalismus darf zwar nicht mit Monotonie verwechselt werden – so oder so sollten Sie aber bedenken: In einer reizarmen Umgebung verkümmert Ihre Katze schnell – sie ist gelangweilt und unterfordert. Katzen brauchen anregende Veränderungen zum neugierigen Entdecken ihrer Umwelt bei gleichzeitig stabilen Grundstrukturen. Ein Mittel gegen aufkeimende Langeweile oder diffusen Stress: Fette Beute machen – zumindest in Form von harmlosem Stalking durch ein Fenster. Denn das Belauern einer »heißen Ware« und das strategische Planen eines Angriffs sind die beiden wichtigsten Aspekte des Jagens und kann Katzen über Stunden beschäftigen. Aussichtsplattformen mit diversen Ebenen vor Fenstern oder Terrassentüren sind daher ein Must-Have für die glückliche Feng-Shui-Katze.

Lieblingsplatz 52°22'13''N, 9°43'59''O

Ihre Katze betritt einen Raum und nimmt jeden Kubikzentimeter in Augenschein. Wo sind die besten Ruheplätze, wo die günstigsten Aussichtspunkte, um das wilde Treiben der anderen zu beobachten, und wo die raffiniertesten Verstecke, aus denen heraus man seiner Beute auflauern kann?

Die Lieblingsplätze einer Katze hängen stark von ihrem Charakter und ihren Gewohnheiten ab. Es gibt Katzen, die sich vornehmlich auf dem Boden aufhalten, sich unter Tische und hinter Pflanztöpfe legen, aber auch solche, die »freies Gelände« bevorzugen und über die wir hin und wieder stolpern, wenn wir nicht aufpassen. Und dann gibt es Katzen, die sich nahezu nie auf dem Boden aufhalten, sondern von möglichst weit oben das Geschehen betrachten. Alle Katzen indes ziehen sich gerne in Unterschlüpfe zurück, weil sie sichere Orte benötigen, um sich entspannen zu können. Die Verstecke aber, in denen Sie die Katzen nicht erreichen oder sehen können, sollten Sie sichern und Ihrer Katze dafür Alternativen anbieten, die Sie kontrollieren können. Hierfür eignen sich Körbe, Tunnel, Katzenkokons oder andere höhlenartige Möbel. Lieblingsplätze können aber auch von natürlichen elektromagnetischen Feldern beeinflusst werden. Die meisten Tiere sind wie wir Menschen Strahlenflüchtlinge – wir meiden Plätze auf Wasseradern, Erdverwerfungen und sonstigen Energie-Vibrationen. Katzen wechseln gerne zwischen Bereichen mit und ohne Belastung hin und her.

Drinnen oder rein und raus

Ja, ich glaube schon, dass Katzen zufriedener sind, wenn sie durch

Ob Garten oder Terrasse: Eine glückliche Katze braucht erhöhte Aussichtsplattformen, Verstecke und kleines Getier.

Der Logenplatz ist für Ihre Katze reserviert: Katzen lieben ihr tägliches Katzen-Kino auf der Fensterbank sitzend.

Wussten Sie, dass ...

künstliche elektromagnetische Felder – auch Elektrosmog genannt – die natürlichen biologischen Prozesse unserer Körper und die unserer Tiere beeinflussen können? Eine Schwächung des Immunsystems, eine Störung des vegetativen Nervensystems oder psychische Belastungen können unter vielen anderen auch Symptome für den Einfluss dieser Strahlungen sein. Wenn Ihre Katze unter wiederkehrenden Krankheitssymptomen leidet oder regelmäßige Verhaltensstörungen zeigt, könnten Sie auch eine Ursache durch Elektrosmog in Erwägung ziehen. Erkundigen Sie sich am besten einmal nach einem Schutz vor Elektrosmog und Handystrahlung.

feuchte Wiesen und duftenden Wald ihre Streifzüge machen können. Es ist in der Tat manchmal nicht ganz einfach, allen Bedürfnissen einer Katze in einer Wohnung gerecht zu werden und alle Stimulationen eines Lebens in der Natur zu simulieren. Gleichzeitig aber gibt es draußen zahllose zum Teil lebensbedrohliche Gefahren.

Frischluft ohne Risiko bieten Außengehege, die einen Teil von Balkon, Terrasse oder des Garten mit vertikalen Klettermöglichkeiten, urwüchsigen Kratzmöbeln und krabbelnden Beutetierchen zum wahren Katzenparadies werden lassen können.

MARKIEREN MIT HAUT UND HARN

Ob groß oder klein, wild oder gezähmt, getigert oder getüpfelt: Sie tun es ausnahmslos! Alle Katzen machen ihren territorialen Anspruch geltend und weisen ihr Revier, deren Größe von der Verfügbarkeit unterschiedlicher Ressourcen abhängig ist, mit Territorialmarkierungen aus. Sie hinterlassen Kratzspuren, reiben ihre Wangen an markanten Stellen und hinterlassen Botschaften aus Urin und Kot.

Markierungen dienen der optischen und olfaktorischen Kommunikation unter Katzen. Durch sie teilen Katzen neben Informationen wie Geschlecht, Alter, Gesundheit ihren Artgenossen mit, wo sie die Grenzen ihres Reviers sehen.

Beim Markieren mit dem Körper überträgt die Katze Sekrete aus Duftdrüsen rund um die Augen, das Maul und die Wangen und gibt damit ihren Geruch und ihre Pheromone (→ Seite 151) an die Umgebung ab.

Das Markieren mit Gesicht und Körper ist emotional nicht aufgeladen und gibt Ihrer Katze das gute Gefühl, sich in einer vertrauten und friedlichen Umgebung zu befinden. Durch das sogenannte Allomarkieren – Kat-

Wenn Sie Ihrer Katze keine Kratzgelegenheit bieten, die sie akzeptiert, wird sie sich eine suchen, die Sie gegebenenfalls nicht für in jeder Hinsicht ideal halten.

zen reiben sich aneinander oder auch am Menschen – entsteht ein Gruppengeruch, der der sozialen Bindung sowie der Wiedererkennung dient und somit einen beruhigenden Effekt hat.
Kratzmarkierungen sind sehr unterschiedlich motiviert. Sie können Spielaufforderung an andere Katzen oder Menschen sein, sie können dem Stressabbau dienen sowie eine Abgrenzung speziell der Ruhezonen sein.

Das Markieren mit Gesicht und Körper gibt der Katze das gute Gefühl, sich in einer vertrauten und friedlichen Umgebung zu befinden.

Marker sind Peace-Maker

Ob Spannungen im Mehrkatzenhaushalt, eine umherstreunende Katze in der näheren Umgebung, Veränderungen jeglicher Art oder Stress: Es gibt eine Reihe von Ursachen, die Kätzinnen und Kater, unkastriert oder kastriert, mit Harn markieren lassen.
Mit der Anzahl der Katzen in einem Haushalt steigt leider auch die Wahrscheinlichkeit von Markierverhalten mit Harn. Markiert Ihre Katze an den Verbindungswegen und Grenzen innerhalb ihres Reviers, wie beispielsweise im Flur oder an den Zugängen zu Bereichen, in denen sich wichtige Ressourcen befinden, besteht in der Regel ein Konflikt mit Artgenossen.
Sinn und Zweck der Markierungen ist aber keineswegs eine Kampfansage, sondern ein friedliches »Sich-aus-dem Weg-Gehen« zu ermöglichen.
Denn Markierungen sind nicht nur eine Möglichkeit, das Revier abzustecken, sondern helfen auch, sich überlappende Territorien zu teilen, indem sie zeitversetzt beansprucht werden. Frische Urinmarkierungen bedeuten »Stopp!«, und mit nachlassender Intensität werden sie zum »Please go!«.

Ist das Kunst, oder kann das weg? Eine Frage der Kratztechnik

Katzen kratzen! Und sie tun dies nicht aus Böswilligkeit, weil sie schlechte Laune haben oder aus einem Spleen heraus. Sie kratzen, weil sie gewichtige Gründe dafür haben. Kratzenderweise dehnen sie ihre Brust- und Rückenmuskulatur, lösen die äußeren Hornschichten ihrer sichelförmigen Krallen und bauen Stress ab. Und: Sie setzen ein klares Ausrufezeichen! Ein »Hier lebe ich« kennzeichnet einen territorialen Anspruch Ihrer Katze. Denn zerkratzte Gegenstände sind Duftquellen, also Markierungen des Reviers. Wichtig ist der Katze dabei, dass im wahrsten Sinne des Wortes die Fetzen fliegen, dass sie die Oberfläche der Kratzobjekte beschädigt. Denn nur dann kann sie neben Pheromonmarkierungen auch für alle sichtbare Spuren hinterlassen.

Ihre Katze hat einen (aus Ihrer Sicht) perfekten Kratzbaum und demoliert trotzdem genüsslich die antiken Erbstücke von Oma? Dabei haben Sie das Kratzmöbel sehr gewissenhaft gewählt: farblich passend zur Einrichtung, möglichst klein und wenig

Kein Interesse am neuen Kratzbaum? Verteilen Sie getrocknete Katzenminze um den Fuß des Baumes.

Wussten Sie, dass …

viele Katzen Kratzmöbel, die noch nicht nach ihnen riechen, ablehnen? Übertragen Sie aber nie die Gesichtspheromone Ihrer Katze – oder auch künstliche Pheromone – auf das neue Kratzmobiliar. Pheromone gelten als Kratzschutz, da Katzen Bereiche, die sie mit dem Gesicht markieren, nicht zusätzlich mit ihren Krallen bearbeiten.

zerzauselt. Oder Sie haben sich für das eher monströse, aber superpraktische »All-in-one-Modell« entschieden, das sieben Fliegen mit einer Klappe schlägt und jeden Wunsch Ihrer Katze erfüllen soll. All diese Kriterien widersprechen den Wünschen Ihrer Katze – denn dieser ist es vollkommen egal, ob das Kratzobjekt von Dior oder Gucci entwickelt wurde und sandfarben, grün oder rosa ist.

Katzen kratzen (leider) aus verschiedenen Gründen gerne an Sofas, Stühlen und Tischbeinen, da ihnen das Erzeugen eines Gruppenduftes mit ihren menschlichen Mitbewohnern genauso wichtig ist wie der mit anderen Katzen.

Wo Sie einen Kratzbaum aufstellen, ist von zentraler Bedeutung dafür, ob er genutzt wird oder nicht. Wenn Sie ihn in ein Zimmer stellen, das kaum genutzt wird, oder in eine Ecke, die zu einer Sackgasse werden kann, wird Ihre Katze Ihr Sofa immer bevorzugen. Eine weitere Rolle spielt das Material. Ob Ihre Katze ein hipper Sisal-Jute-Typ ist, solides Holz und nachhaltigen Kork bevorzugt oder auf Kuschelteppich steht – probieren Sie es aus.

Horizontal, vertikal, Winkel egal? Von wegen! Die Richtung muss schon stimmen. Beobachten Sie Ihre Katze, dann werden Sie schnell herausfinden, ob Sie für die Installation des Kratzobjekts einen Winkelmesser benötigen.

Und: Ein Bosai-Bäumchen wird es nicht bringen. Die Größe des Kratzmöbels sollte dem durchgestreckten Katzenkörper entsprechen. Ach ja: Wackeln sollte der Baum auch nicht. Also wählen Sie – in diesem speziellen Fall – lieber Deutsche Eiche statt Bambus …

Und jetzt Sie …

Räucherritual gegen negative Schwingung

Unsere Ahnen entfernten mit Räucherritualen negative Schwingungen, reinigten ihre Aura und verbanden sich so mit dem Göttlichen. Auch im Schamanismus und im Feng Shui spielen energetische Reinigungen und Räucherzeremonien eine große Rolle.
Das Räuchern mit hochwertigem und aromatischem Weißen Salbei löst negative Energien, wirkt stimmungsaufhellend und antibakteriell und fördert so ein gesundes Raumklima: Negative Energien werden in positive transformiert.

So klappt es

- Entzünden Sie ein getrocknetes Bündel Salbei am spitzen Ende und wedeln Sie die Flammen vorsichtig aus. Sobald die Spitze des Bündels glimmt und etwas raucht, können Sie sich an der Haustür beginnend im Uhrzeigersinn durch die Räume bewegen.

- Halten Sie eine feuerfeste Schale unter den Salbeibund, damit Glut oder Asche nicht auf den Boden fallen.

- Umkreisen Sie mit dem rauchenden Salbeibündel alles: Möbel, Deko-Objekte und den Technikpark in der Küche wie Espressomaschine, Wasserkocher und Getreidemühle. Sie können auch Schubladen und Schränke öffnen, um etwas Rauch hineinzuwedeln! Den Kleiderschrank sollten Sie allerdings aussparen, da Ihre Kleidung sonst zu intensiv nach Salbei riechen würde. Lassen Sie sich viel Zeit und visualisieren Sie, wie sich die negativen Energien aus den Ecken der Räume und von allen Gegenständen lösen.

- Öffnen Sie die Fenster erst, wenn sich der Rauch gelegt hat, und lüften Sie anschließend gründlich.

- Lassen Sie Ihre Katzen immer selbst entscheiden, ob und wann sie sich während des Räucherns nähern wollen. Feuer und Rauch bedeuten oft Gefahr – allerdings entsteht bei der Räucherzeremonie in der Regel nicht sehr viel Rauch.

Salbei gehört zu den Pflanzen, die Katzen sehr gut vertragen und auf sie entspannend wirken. Informieren Sie sich bitte gut, wenn Sie mit anderen Küchen- oder Heilkräutern experimentieren möchten. Giftig für Katzen sind unter anderem Zimtöl, Thymianöl und Oreganoöl. Den Geruch von Zitrusfrüchten, Weinraute und Lavendel mögen sie nicht.

KATZENKLO, KATZENKLO … WIR KÖNNEN ALLE EIN LIED DAVON SINGEN!

Dass Katzen überhaupt freiwillig auf eine Toilette gehen, grenzt für mich an ein Wunder!
Wir dürfen nicht aus den Augen verlieren, dass Katzen erst seit knapp 150 Jahren mit uns den Wohnraum teilen, was entwicklungsgeschichtlich betrachtet nur ein Mini-Katzensprung ist.
Katzen, die die Möglichkeit haben, draußen herumzustromern, wechseln ihre Ausscheidungsplätze permanent – es wird vermutet, dass sie das aus hygienischen Gründen tun. Darüber hinaus setzen Freigänger Urin und Kot selten an ein und demselben Ort ab, sondern trennen den Vorgang des Urinierens und Absetzens von Kot räumlich und damit auch etwas zeitversetzt. Bevorzugte Orte sind dabei sichtgeschützt.
Damit Ihr Liebling die Toiletten auch nutzt, haben Sie nun wiederum keine andere Wahl, als sie a) dorthin zu stellen, wo es ihr genehm ist, und b) sie so auszustatten, dass sie für Ihre Katze komfortabel sind – was bedeutet: Ihre Bereitschaft, allen (ja: allen!) Bedürfnissen Ihrer Katze in Bezug auf Standort, Modell und Hygiene gerecht zu werden, ist von zentraler Bedeutung.

Es grenzt an ein entwicklungsgeschichtliches Wunder, dass eine Katze auf eine Toilette geht. Deswegen müssen wir Menschen alles dafür tun, diesen Gang für sie so angenehm wie möglich zu gestalten.

Wusssten Sie, dass ...

laut der Lehre des Feng Shui Katzentoiletten nicht im Nordwesten des Hauses stehen sollten, denn dort ist der Bereichs des Kaisers oder des Tigers – also des Chefs im Haus! Eine unschöne Begleiterscheinung könne dann sein, dass Ihre Katze im ganzen Haus »den Kaiser mimt« und überall Urin- und Kotspuren hinterlässt.

Das Standortdilemma

Eine Katzentoilette mitten im Wohnzimmer zwischen den Lautsprecherboxen? Im Schlafzimmer als umfunktioniertes Nachttischchen? Oder gar in der Nähe der eleganten Barhocker, auf denen sonntags das lange Frühstück zelebriert wird? Für die allermeisten Katzenliebhaber ein No-Go oder zumindest eine verdammt schwierige Vorstellung.
Katzentoiletten in der Garage, hinter der Waschmaschine oder in einem Schrank zu verstecken, ist aus ästhetischen Gründen ein legitimer Gedanke – es sollte aber nur ein Gedanke bleiben. Denn entlegende Orte, die nicht bequem erreichbar sind, oder Bereiche, die sich als Sackgassen erweisen könnten, wird Ihre Katze vermutlich meiden.
Toiletten sollten über die gesamte Wohnfläche (etwa pro 50 qm eine Toilette) verteilt sein.
Wenn Sie in einem Haus über mehrere Etagen wohnen, sollte sich auf jeder Etage mindestens eine Katzentoilette befinden.
Das Urinieren (außerhalb der Toiletten) aufgrund territorialer Unsicherheit wird deutlich reduziert oder vielleicht sogar vollkommen aufhören, wenn Sie die Toiletten in für Sie wichtige Bereiche und an verschiedene Orte in der Wohnung oder im Haus aufstellen. Denn Katzentoiletten dienen als Duftquelle der Markierung des Territoriums – und sollten deshalb auch nicht unmittelbar nebeneinander aufgestellt werden.
Toiletten sollten immer einen großzügigen Abstand von Schlaf-, Futter- und Wasserplätzen haben und nicht an besonders belebten Positionen stehen. Und: Auch frei laufende Katzen benötigen im Haus Toiletten, sollten die Zeiten für den Auslauf reguliert sein.

Nicht nur für feine Pinkel

Harn- oder Kotabsatz direkt neben der Katzentoilette ist ein Hinweis darauf, dass Ihre Katze sich mit dem gewählten Standort zwar einverstanden zeigt, der Fehler aber im Detail steckt: Entweder mangelt es an zufriedenstellender Sauberkeit, das Einstreu pikst an den zarten Pfoten, oder Sie haben bei der Entweder-oder-Frage leider nicht das richtige Toilettenmodell erwischt.

Idealerweise sind Katzentoiletten so groß, dass die Tiere sich mühelos darin drehen können, buddeln und saubere Stellen finden können, ohne dabei an die Schale zu stoßen. Der Schalenrand sollte nicht zu hoch gewählt werden. Ein bequemer Einstieg gerade für junge und ältere oder kranke Katzen ist eine wichtige Voraussetzung für die Nutzung: Geklettert wird anderswo! Bitte oben ohne: Mancher Katze mag eine Überdachung egal sein. Speziell in Haushalten mit weiteren Katzen und Hunden können die Deckel-Modelle aber schnell zu einer Falle werden, aus der es kein Entweichen gibt, wenn sich ein anderes Tier vor den Eingang setzt. Daher bleiben diese Toiletten oftmals ungenutzt.

Parfümiertes und Duftendes

Empfindliche Katzenpfoten und 200 Millionen Duftrezeptoren entscheiden über die richtige Einstreu und die Hygiene. Eine Toilette ist aufgrund des Eigengeruchs für die Katze eine wichtige Duftmarkierung. Daher solllten Sie auf parfümierte Streu oder zusätzliche überdeckende »Überduftung« verzichten. Auch zu scharf riechende Reiniger können

Eins für zwei? Für viele Katzen ein No-Go! Für zwei Katzen sind mindestens drei Toiletten adäquat.

die Katze so stören, dass sie die Toilette nicht nutzt. Absolute Sauberheit ist ein absolutes Muss! Entfernen Sie bitte – je nach Nutzung – mindestens einmal täglich die verklumpte Streu und ersetzen Sie die fehlende Menge durch frische Einstreu. Das Vergraben von Kot ist ein für untergeordnete Katzen typisches Ritual, beispielsweise um sich vor größeren Raubtieren zu schützen. Es verhindert zwar die Ausbreitung des Geruchs nicht komplett, minimiert ihn aber. Das Verhalten ist auch bei Hauskatzen noch stark ausgeprägt. Für das Verscharren von Urin und Kot sollte die Einstreu etwa sieben Zentimeter hoch sein.
Alle sieben bis zehn Tage können Sie die gesamte Einstreu austauschen und die Wanne mit heißem Wasser reinigen.

Riecht das nach mir? Eine Toilette ist aufgrund des Eigengeruchs für die Katze eine wichtige Duftmarkierung.

Das Non-PLUS-Ultra

Ich kann Ihnen nur ans Herz legen, die PLUS-eins-oder-mehr-Faustregel für eine angemessene Anzahl an Katzentoiletten sehr gewissenhaft umzusetzen. Das heißt: Wenn Sie eine Katze haben, sollten Sie mindestens zwei Toiletten zur Verfügung stellen, bei zwei Katzen sind es mindestens drei Toiletten usw. …
Meine Erfahrung zeigt, dass häufig gerade in großen Wohnungen und Häusern zu wenige Toiletten verteilt sind. Ich habe es schon erlebt, dass sich zwei Katzen in einer Kommunikation für das 180-qm-Haus, in dem sie lebten, neun Toiletten gewünscht haben. Das ist immer noch besser als permanent Pipi-Flecken auf der neuen Couch, oder? Katzen ändern sich, Menschen ändern sich. Das Argument, es hätte doch seit Jahren auch nur mit einer großen gemeinsamen Toilette funktioniert, ist für die Lösung des aktuellen Problems nicht von Bedeutung.

KOMMUNIKATION MIT SHIVA

Alles auf Anfang

Mit Merle Hansen hatte ich vor einigen Monaten schon einmal gesprochen. Damals wollte sie wissen, ob ihre fünfjährige Katze Shiva damit einverstanden wäre, dass sie sie mit in ihre neue Wohnung nehmen würde. Merle hatte einen Studienplatz in einer anderen Stadt bekommen und wollte zum nächsten Semester aus der großzügigen Penthouse-Wohnung, in der sie mit ihren Eltern lebte, nun in eine Zweizimmer-WG ziehen. Sie war glücklich, in Charlotte eine Mitbewohnerin gefunden zu haben, die Katzen über alles zu lieben schien. Aber wollte Shiva auch tatsächlich mit ihr kommen?
In einer Kommunikation auf Seelenebene lassen sich Dinge klären, die sich um übergeordnetere Themen drehen und über den Ist-Zustand hinausgehen, die beispielsweise auch zukünftige Ereignisse betreffen, wie eine Urlaubsbetreuung, einen Umzug oder einen Gang zum Tierarzt. Tiere können in dieser Form auf kommenden Erlebnisse vorbereitet werden oder auch gefragt werden, wie sie die auf sie zukommende Veränderung sehen.

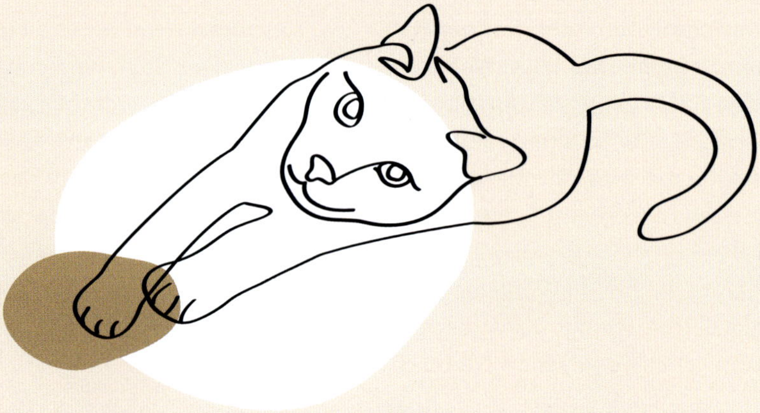

Ich nahm Kontakt mit Shiva auf, einer wirklichen Prinzessin, die mir in unserer Kommunikation Einblicke in ihr überaus zufriedenes und wunschlos glückliches Leben gewährte.

> *»Ja, ich begleite Merle gerne bei ihrem Start in ein neues Leben. Für Merle wird es viele Umstellungen geben, und ich kann ihr den Halt geben, den sie braucht«, antwortete mir Shiva selbstbewusst und die Situation allem Anschein nach überblickend.*

Shiva schien den Umzug zunächst offenbar mühelos überstanden und sich gut eingelebt zu haben. Seit ein paar Wochen allerdings urinierte sie auf Merles Kopfkissen, kratzte an verschiedenen Stellen in der Wohnung die Tapete von den Wänden und ließ sich in der Küche auf der breiten Sitzbank,

Auf einen Blick

Themen

- Unsauberkeit
- Kratzmarkieren
- Rückzug und Stressverhalten

Ursachen

- Ungeeignetes Umfeld nach Umzug
- Tier-Mensch-Beziehung

Empfehlungen

- Aufstellen von zweiter Toilette
- Neue Gestaltung des Umfeldes
- Energetische Harmonisierung der Beziehungen des gesamten Systems
- Respekt des individuellen Freiraums und der Ruheplätze

Resultat

- Nach der Umgestaltung der Räume war Shiva wieder die glückliche Katze, die sie vor dem Umzug war.

auf der sie neben beiden jungen Frauen in den ersten Wochen nach dem Umzug häufig lag, überhaupt nicht mehr blicken.

»Ich habe keine Erklärung für das Verhalten von Shiva. Charlotte und ich lassen sie niemals allein, eine von uns ist immer für sie da und kümmert sich um sie. Ihr kann eigentlich nichts fehlen, wir spielen mit ihr mehrfach am Tag, sie bekommt ihr Lieblingsfutter«, erklärte Merle etwas vorwurfsvoll. »Du hattest mir ja von Shiva mitgeteilt, dass sie mitkommen wolle, und nun weiß ich nicht, was ich noch tun kann. Eine Untersuchung beim Tierarzt hat keine Diagnose ergeben. Sie ist vollkommen gesund.«

Umzug ins kreative Chaos

Erneut nahm ich mit Shiva telepathisch Kontakt auf, und sie schien mir mit der aktuellen Situation gänzlich überfordert zu sein.

»Ich habe JA zu dem Umzug gesagt, aber dass damit meine gesamten Bedürfnisse über den Haufen geworfen werden … das habe ich nicht kommen sehen. Ich fühle mich hier nicht wohl. Nicht einmal einen klitzekleinen Fleck habe ich für mich ganz allein. Nirgendwo ist auch nur ein winziges Plätzchen, auf das ich mich zurückziehen kann. Ich habe keinen Raum zum Atmen und fühle mich regelrecht dazwischengequetscht. Ich kann nicht aus dem Fenster schauen, weil sich dort allerlei Krempel stapelt, auf dem ich keinen Halt habe. Ich langweile mich, und gleichzeitig komme ich nicht zur Ruhe«, klagte sie.

Wussten Sie, dass …

Sie Futterschalen aus Edelstahl, Glas oder Keramik verwenden sollten, weil sie sich unter heißem Wasser problemlos abspülen lassen? In Plastikschüsseln setzt sich der Geruch von Futter fest, und in der Schale entsteht so eine für die feine Katzennase unangenehme Ausdünstung.

Durch den Grundriss und die Fotos, die Merle mir von ihrem neuen Zuhause schickte, bestätigte sich der Eindruck, den Shiva mir vermittelt hatte: All das, was Merle in ihrem kleinen Zimmer unterzubringen versuchte, stapelte sich auf dem Boden. Shivas Toilette stand in einer Ecke des Zimmers, direkt neben dem Wasser- und dem Fressnapf – alles gut versteckt hinter einer für den Raum überdimensionierten Zimmerpflanze. Der Fußboden war restlos übersät mit allem, was man für ein munteres Studentenleben braucht: vom Pizzakarton über Bücherstapel, einer farbenprächtigen Yogamatte, einem Mountainbike bis zu Gebirgen von Garderobe.
Katzen sind keine ausgesucht großen Fans minimalisitischer Einrichtungen und reizarmer Umgebung: »Weniger ist mehr« gilt aber, wenn Lawinen von herumliegenden Gegenständen für die Katze zu einer Umgebung von Unübersichtlichkeit und damit Unberechenbarkeit werden. Die Katze ist dann nicht mehr inspiriert, sondern überfordert. Für ein harmonisches Zusammenleben ist es wichtig, Räume gleichermaßen menschen- und katzenfreundlich zu gestalten. Ja: gleichermaßen! Katzen benötigen ruhige und sichere Rückzugsorte, besonders in kleinen Wohnungen und sehr aktiven Haushalten.

Zu viel des Guten

Aber noch etwas anderes bereitete Shiva Kummer und machte klar, weshalb sie so dringend ihre Rückzugsorte benötigte.

»Ich finde hier keine Ruhe. Wohin ich mich auch lege, Charlotte steht augenblicklich neben mir, nimmt mich auf den Arm und trägt mich dorthin, wo sie sich aufhalten möchte. Sobald ich in die Küche gehe, bin ich überall von mich kraulenden Händen überwältigt.«

Es ist nicht zu unterschätzen, welchen Stress wir Katzen mit einem Zuviel an Aufmerksamkeit, Zuneigung und »übergriffiger Gefühlsduselei« zufügen können. In unserem eigenen Bedürfnis nach Nähe und emotionaler Wärme überscheiten wir gelegentlich Grenzen, die wir im Zusammenleben mit Katzen und selbstverständlich auch anderen Haustieren respektieren sollten. Wir streicheln und knuddeln unsere Lieblinge und wollen in Momenten tiefer Innigkeit augenfällige Anspannungen der Tiere nicht wahrnehmen.

Nach der Kommunikation mit Shiva telefonierte ich mit Charlotte, und sie fing an zu weinen, als ich ihr berichtete, wie Shiva sich in ihrer Gegenwart fühlt und weshalb sie nicht mehr in die Küche kommt. Wie Merle lebte auch Charlotte das erste Mal weit weg von Familie und Freunden in einer fremden Stadt. Sie war überglücklich, in Shiva »jemanden« gefunden zu haben, die immer für sie da war und ihr das Heimweh erleichterte.

Ignorieren heißt – in diesem Fall – respektieren

Ich empfahl Charlotte, Shiva in der kommenden Zeit nicht zu beachten, sie vollkommen zu ignorieren: sie nicht anzusehen, nicht zu streicheln, nicht einmal an sie zu denken – es sei denn, Shiva käme auf sie zu.

Ignoranz wird im Allgemeinen als die Schwester der Respektlosigkeit betrachtet, jemanden einen Ignoranten zu schimpfen, ist beleidigend. Aber im Umgang mit Tieren kann ein vorübergehendes Nichtbeachten beiden Seiten die Luft zum Atmen zurückgeben, die vorher gefehlt hat.

Ein 24-Stunden-Betüddeln kann für das Tier übergriffig sein, es gibt auch ein Zuviel an Liebe.

Und für Merle hatte ich Anregungen, die ihr handwerkliches Geschick herausfordern sollten. Um ausreichend Platz für all ihre und Shivas Utensilien in ihrem winzigen Zimmer zu schaffen, sollte sie dreimensional denken und ihr Leben wortwörtlich auf den Kopf stellen. Was konnte von der Decke herunterhängen, was derzeit auf dem Boden lag? Welche Möbel ließen sich zu Catwalks umfunktionieren, die jetzt nur willkürlich aufeinandergestapelt waren? Und wo musste tatsächlich etwas in die Vertikale gebaut werden, damit Shiva sichere Rückzugsorte finden konnte?

Inzwischen sitzen alle drei Damen glücklich und harmonisch wieder in der Küche auf der Sitzbank zusammen – mal ganz eng und mal mit etwas mehr Abstand zueinander.

EIN (STUBEN-)TIGER IM BETT

Wir träumen von einem Leben mit einer sanftmütigen Schmusekatze – zumindest in unseren vier Wänden. Genetisch betrachtet sieht die Lage aber anders aus!

Der Begriff »Stubentiger« kommt nicht von ungefähr. Unsere Hauskatzen sind nämlich, genetisch gesehen, tatsächlich zu 96 Prozent identisch mit Tigern.

DAS DOPPELLEBEN UNSERER KATZEN

Weil Katzen in heidnischen Ritualen eine Rolle spielten, wurden sie im Mittelalter – auf Geheiß der christlichen Kirche – kurzerhand zu Verbündeten des Teufels erklärt und auf grausamste Weise verfolgt und getötet. Um sie besonders qualvoll sterben zu sehen, wurden sie unter anderem aus schwindelnden Höhen der Kirchtürme heruntergeworfen. Aber die Christen machten die Rechnung ohne die wendigen Katzen: Viele Tiere überlebten die Stürze, und so wurden ihnen übernatürliche, magische Kräfte zugeschrieben, und es verbreitete sich der Glaube bzw. der Aberglaube, sie hätten sieben Leben. Ob Katzen tatsächlich sieben Leben haben? Wer weiß …

Was ich aber wahrnehme, ist, dass sie zumindest ein imponierendes Doppelleben führen. Katzen haben eine enge Beziehung zu Menschen entwickeln können und sich gleichzeitig ihre Unabhängigkeit von uns Zweibeinern immer bewahrt.

Auch wenn ich vor einigen Jahrzehnten als Tochter des Zoo-Tierarztes von Hannover in den einzigartigen Genuss gekommen bin, mein Bett mit einem »echten Tiger« teilen zu dürfen: Genetisch betrachtet haben

Die gefährlichste Fallhöhe für Katzen beträgt zwei bis drei Meter, da die Zeit für eine erfolgreiche Körperdrehung aus dieser Höhe häufig nicht ausreicht. Ist die Fallhöhe aber höher – laut diverser Studien sogar etwa 30 Meter oder auch mehr –, scheinen sich die Überlebenschancen zu erhöhen.

Wussten Sie, dass …

der sogenannte Drehreflex den Körper einer fallenden Katze in deutlich weniger als einer halben Sekunde so ausrichtet, dass sie – eine ausreichende Höhe vorausgesetzt – nahezu immer auf ihren Pfoten landet?
Die Drehung beginnt mit dem Kopf und den Vorderbeinen, gefolgt vom oberen Teil des Rückgrats. Anschließend werden die Hinterbeine angezogen, während sich die hintere Häfte des Körpers dreht. Kurz vor der Landung spreizt die Katze dann alle vier Beine dem Boden entgegen und macht einen Buckel, um die Wucht der Landung abfedern zu können. Während der gesamten Drehphase dient der steif gestreckte Schwanz der Balance.

auch Sie eine echte Wildkatze in Ihren Federn! Unsere Vierbeiner präsentieren sich in der Regel zwar von ihrer samtpfotig-liebevollen Seite, trotzdem kommt der Begriff des Stubentigers nicht von ungefähr: Unsere Schmusekatzen sind genetisch nämlich zu 96 Prozent identisch mit … ja: Tigern! Und Hauskatzen verhalten sich, angefangen bei ihren territorialen Eroberungszügen und Verteidigungsstrategien über die Nahrungsbedürfnisse bis hin zu der Art und Weise, wie sie spielen – ergo jagen, fangen und töten –, wie ihre wilden Urahnen und lebenden Großkatzen. Alle existierenden Katzenrassen haben Raubtiere als Vorfahren, daran hat auch die Domestizierung und Zucht nichts geändert. Sofern Ihre Katze die Möglichkeit hat, sich auch außerhalb Ihrer vier Wände aufzuhalten, können Sie es täglich beobachten: Mit Überqueren der Türschwelle zum Garten legt Ihre Katze das Schmusekostüm ab und verwandelt sich blitzartig in ein jagendes, aufmerksames Raubtier.
Dass eine Hauskatze zahm bleibt, ist das Resultat ihrer Sozialisation während der ersten Wochen und Monate, in denen sie im Idealfall sowohl mit ihrer Mutter und den Wurfgeschwistern als auch mit Menschen in engem Kontakt lebt. Sie wächst dann quasi zweisprachig und interspecies heran: die perfekte Basis für ein gelingendes Doppelleben.

Katzen würden Mäuse kaufen

Auch wenn die Vegetarier und Veganer unter uns sich anderes wünschten und versucht sind, mit – auch auf dem Markt angebotenen – Alternativen herumzuexperimentieren: Katzen zählen zu den Carnivoren und brauchen Fleisch.

Entsprechend ihrem natürlichen Fressverhalten sollten Katzen mehrere kleine Mahlzeiten, optimalerweise in Abständen von fünf bis sechs Stunden, fressen können. Katzen werden sehr früh auf »ihr« Futter geprägt – in der Regel auf das, was auch ihre Mutter gefressen hat. Eine Umstellung ist deshalb später schwer oder überhaupt nicht mehr möglich. Aus diesem Grund ist es ratsam, jungen Katzen unterschiedliche Geschmäcker und Texturen anzubieten. Abwechslung beim Futter ist zwar grundsätzlich nicht notwendig, Krankheiten oder auch Unverträglichkeiten können aber eine Futterumstellung unter Umständen erforderlich machen.

Das Futter sollte immer »mäusewarm« serviert werden. Idealerweise 34 Grad, der Temperatur einer Katzenzunge … So entwickelt das Futter sein volles Aroma, das die Katze zum Fressen animiert, denn nicht die Zunge, sondern die Nase entscheidet, ob und was gefressen wird. Kühlschrankkaltes Futter kann außerdem zu Verdauungsproblemen führen. Katzen trinken als ehemalige Wüstentiere wenig, da sie ihren Flüssigkeitsbedarf in der Regel über das Blut und den Wassergehalt ihrer Beute decken können. Der Feuchtigkeitsgehalt bei Nassfutter liegt zwischen 60 und 80 Prozent, während der von Trockenfutter nur bei unter 10 Prozent liegt.

Bei ausschließlicher Fütterung von Trockenem besteht die Gefahr, dass Ihre Samtpfote nicht ausreichend Wasser zu sich nimmt und die Harnwege nicht genügend durchspült werden. Erkrankungen der Harnwege sind häufig auf die ausschließliche Ernährung mit Trockenfutter zurückzuführen.

Tierische Geschenke

Bringt Ihnen Ihre Katze öfters mal frische Beute von ihren Jagdzügen mit? Das tut sie, weil sie sieht, dass Sie in Bezug auf jagdliche Talente ein hoffnungsloser Fall sind. Normalerweise als Adoptiveltern akzeptiert, werden Sie so in den Augen Ihrer Katze zu einem Familienmitglied, das versorgt werden muss. Anstatt panisch oder wütend auf das noch krabbelnde Geschenk in Ihrem Bett zu reagieren, sollten Sie Ihre fürsorgliche Katze mit Lob überschütten und streicheln – und das kleine Beutetier unauffällig aus der Reichweite Ihrer Katze bringen.

Und jetzt Sie ...

Bedanken bei der »Beute«

Dose auf, das Futter in den Napf: fertig. So werden die allermeisten – mehr oder weniger gedankenlos – die tägliche Portion frischen Katzenfutters servieren. In der Regel sind wir auf das Wohl unseres hungrigen Mitbewohners fokussiert und selten auf das Leben, das ein Tier geopfert hat, um unsere Lieblinge zu nähren. Auf das Grauen der Massentierhaltung möchte ich an dieser Stelle nicht eingehen. Wie können wir aber die Tiere, die für unsere Katzen geschlachtet werden, würdigen?

So klappt es

- Sprechen Sie laut oder leise für sich: Ich bedanke mich bei den Tieren, die sich für meine/meinen ... (setzen Sie hier den Namen Ihres Tieres ein) hingegeben haben.

Und noch etwas: Da die Nutztiere in der Regel unter großen Ängsten und in Panik geschlachtet werden, ist das Fleisch energetisch betrachtet belastet. Sie können das Futter aufwerten, indem Sie

- das Symbol »Blume des Lebens« für einige Minuten unter das Futter stellen. Die Blume des Lebens ist eines der kraftvollsten Energiesymbole, dem eine starke harmonisierende Wirkung zugeschrieben wird. Als Symbol der kosmischen Ordnung soll sie positive Energien verstärken und negative Energien verringern können.
- das Futter segnen: Nehmen Sie die Futterschale zwischen Ihre beiden Hände und sprechen Sie laut oder leise für sich: Ich segne das Futter für ... (setzen Sie hier den Namen Ihres Tieres ein). Dieses Futter ist für ... das beste und verträglichste Futter.

Katzen haben 30 Zähne, um ihre Beute zu reißen, nicht um zu kauen, da sie ihre Nahrung in Stücken herunterschlucken.

MIT DEM GANZEN KÖRPER SPRECHEN

Über die bereits erwähnten Botschaften durch Markierungen hinaus kommunizieren Katzen sehr vielschichtig über gestische Ausdrucksformen sowie wechselvolle Mimik und Lautmalerei. Lust, Laune und Befindlichkeit der Katze sowie ihre Ansprüche werden durch Stellung und Bewegungen des gesamten Körpers – zumindest für Artgenossen – unmissverständlich auch über größere Entfernung mitgeteilt. So hat die Körpersprache Signalwirkung, um beispielsweise bei unliebsamen Begegnungen eine eskalierende Konfrontation im Vorfeld zu verhindern. Wir sollten für ein leichteres Darausschlauwerden die Basics der Körpersprache unserer Katzen verstehen.

Katzen tun nichts ohne Grund: Jede noch so kleine Änderung in ihrer Haltung beinhaltet eine Information.

Das Fell sträubt sich automatisch bei hoher negativer Erregung, es soll die Katze größer wirken lassen und abschreckend auf eine Gefahr oder einen Feind wirken.

Das Einmaleins des Buckelns

Gebuckelt wird bei unterschiedlichen Anlässen und Herausforderungen Ihrer Katze. Gepaart mit vor Erregung zitternder Schwanzspitze, kann Ihre Zuckerschnute Ihnen mitteilen wollen, dass sie sich mehr Aufmerksamkeit wünscht. Wenn sie buckelnde Luftsprünge macht, möchte sie nicht nur gesehen, sondern zusätzlich bespaßt werden. Und um geschmeidig und gelenkig zu bleiben, lieben Katzen nach jedem Nickerchen ihr ausgiebiges Stretching und wölben dabei mit lang ausgestreckten Beinen den Rücken bogenhaft nach oben und dehnen ihn: zum Katzenbuckel.

Der Katzenbuckel zeigt sich aber auch in Situationen, die für Ihre Katze Stress oder Aufregung bedeuten. Fühlt sich eine Katze bedroht, imponiert sie mit beeindruckender Silhouette, in dem sie sich auf die Zehenspitzen stellt, den Rücken so weit wie möglich nach oben krümmt, das Nackenfell und die Haare an Schwanz und Rücken sträubt und … faucht. Jetzt sollten alle auf Distanz gehen, denn die Katze meint es ernst und wird vermutlich angreifen.

Dösen in Rückenlage

Entspannter geht es kaum: Wenn Ihre Katze in Rückenlage schläft oder easy-peasy das Treiben um sich herum beobachtet, fühlt sie sich wohlig, sicher und im Vertrauen mit ihrer Umgebung. Denn wenn Katzen »bauchfrei« liegen, liefern sie sich komplett aus. Ihre Katze rollt sich aber auch auf den Rücken, wenn sie sich unterwürfig zeigt. Mit nach oben gerichteten Pfoten und ausgefahrenen Krallen kann sie sich jetzt energisch verteidigen.

Schwanz über Kopf

Der Katzenschwanz ist ein Körperteil mit Allround-Funktion: Zum einen stabilisiert er die Katze beim Springen, Laufen, Balancieren und Klettern, und er ist ein vielseitiges Kommunikationstalent. Hoch aufgerichtet zuckend oder hin- und herpeitschend, waagerecht, gesträubt: Haltung und Bewegung des Schwanzes verraten Artgenossen und uns Menschen, wie die Katze gestimmt ist. Wenn Ihre Katze ausgeglichen und mit sich und ihrer Umgebung im Reinen ist, sie cool in ihrem Revier umherschweift, schwingt ihr Schwanz locker nach unten, die Spitze keck nach oben weisend. Erregt etwas die Aufmerksamkeit Ihrer Katze – beispielsweise ein Vogel –, schwingt der Schwanz in die andere Richtung: in einer sanften Kurve nach oben, häufig untermalt mit einer zuckenden Schwanzspitze. Der zuckende Schwanz kann allerdings auch ein Hinweis auf eine für die Katze unbehagliche Situation sein. In hoher Konzentration und als Zeichen der Erregung kann die Schwanzspitze wippen, und bei steigender Anspannung, wie etwa vor einem Angriff auf Beute, beginnt der Schwanz stark hin- und herzuschnellen. Ein heftig peitschender Schwanz kann ein Signal für eine Aggression beispielsweise gegen Artgenossen oder einen inneren, emotionalen Konflikt sein. Stellt die Katze ihre Schwanzhaare zu einer eindrucksvollen Bürste geformt senkrecht, plustert sie sich im wahrsten Sinne des Wortes auf. Sie macht sich deutlich größer und gibt damit nicht nur durch die Blume zu verstehen: Ich bin aufgeregt. Das kann eine postitiv empfundene Aufregung zum Beispiel beim Spiel sein, aber auch eine negative Emotion wie Unsicherheit oder Angst. Unsicherheit und Angst zeigt die Katze auch, wenn sie ihren Schwanz zwischen die Beine unter den Bauch klemmt.

Die Jagd nach dem eigenen Schwanz

Verspielte Katzen jagen bis ins hohe Alter ihrem eigenen Schwanz nach. Und dieses sporadische Verhalten ist ganz normal. Dagegen weisen aggressive Attacken auf den eigenen Schwanz und stundenlanges stereotypes Sich-im-Kreis-Drehen auf einen krankhaften Zustand der Katze hin. Ursachen für dieses gestörte Verhalten können unter anderem eine Erkrankung des Nervensystems, Verletzungen an Wirbelsäule oder Schwanz, Schmerzen oder Juckreiz sein. Auch Stress- oder Konfliktsituationen können eine Rolle spielen.

Hauskatzen sind im Gegensatz zu ihren wilden Verwandten in der Lage zu laufen, während sie den Schwanz vertikal in die Höhe richten.

Der richtige Augenblick

Augen spielen in der Kommunikation mit Katzen eine große Rolle. Vielleicht haben Sie schon einmal beobachtet, dass entspannte Katzen untereinander die Augen langsam halb oder ganz schließen und dann wieder öffnen.

Wenn Ihre Katze langsam blinzelt und ihre Augen schmälert, drückt sie ihr Wohlbefinden und ihre Entspannung aus – ganz so, wie wir lächeln, wenn wir uns vollkommen wohlfühlen. Das langsame Blinzeln könnte man als Katzen-Lächeln bezeichnen. Die Pupillen erregter Katzen weiten sich stark. Dabei spielt es keine Rolle, ob sie gerade in ihren mit gekochter Hühnchenbrust gefüllten Fressnapf blickt oder ihren Erzfeind im Revier erblickt. Die Pupillen furchtloser und wenig erregter Tiere verengen sich zu vertikalen Schlitzen. Neben der Veränderung ihrer Pupillen können Katzen ihre Stimmung durch das Öffnen und Schließen der Augenlider ausdrücken. Aufmerksame, auf einen äußeren Reiz konzentrierte Tiere halten die Augen weit geöffnet, entspannte Tiere schließen ihre Lider halb, nur im Schlaf und als Zeichen der Beschwichtigung schließen Katzen ihre Augen komplett.

Abgesehen von einer emotional bedingten Veränderung der Katzenaugen können Sie einen Wechsel in der Größe der Pupillen und Stellung der Augenlider auch beobachten, wenn sich die Lichtintensität ändert.

Wussten Sie, dass …

Katzen »Katzenallergiker« lieben? Ist Ihnen schon einmal aufgefallen, wie sich selbstbewusste Katzen in einem Raum mit vielen fremden Menschen verhalten? Sie streichen denen um die Beine, die entweder allergisch reagieren oder große Furcht vor Katzen haben. Warum? Katzenliebhaber beugen sich häufig zu den Katzen herunter, schauen ihnen direkt in die Augen, wollen sie streicheln und auf den Arm nehmen und verhalten sich auf diese Weise für die Katze nicht besonders sympathisch. Es ist deshalb das Desinteresse der Allergiker, das für Katzen attraktiver ist. Sie fühlen sich respektiert und nicht bedroht. Ziehen Sie fremde Katzen also mit »nichtssagendem Desinteresse« in Ihren Bann.

Und jetzt Sie ...

Ins Vertrauen blinzeln

Friedvolle Katzen öffnen und schließen ihre Augen langsam halb oder ganz, wenn sie sich in entspannter Weise begegnen. Wir Menschen können dieses Verhalten nachahmen und unseren Katzen durch langsames Zwinkern signalisieren, dass wir uns ihnen in friedlicher Absicht nähern. Durch dieses Interagieren blinzeln Sie sich in das Vertrauen von Katzen.

So klappt es

- Blinzeln Sie Ihre eigene oder auch eine fremde Katze an, indem Sie langsam Ihre Augen schließen und öffnen – und dann wieder wegsehen. Wiederholen Sie diesen Vorgang einige Male. Wenn die Katze langsam zurückzwinkert, haben Sie alles richtig gemacht und das Vertrauen der Katze gewonnen.
- Dieses blinzelnde Katzen-Lächeln hat für Sie außerdem eine wunderbare Nebenwirkung: Wenn Sie beispielsweise von einem turbulenten Tag nach Hause kommen, schalten Sie schnell ab und um, wenn Sie sich auf Katzensprache einlassen. Wissenschaftler haben herausgefunden, dass durch rhythmische Augenbewegungen eine körperliche Entspannung eingeleitet wird, die innere Unruhe und Stress abbaut.

ACHTUNG! Auch wenn Sie Ihre Katze mit Haut und Haaren lieben, sollten Sie eines nicht tun: sich an ihrer Anmut und Eleganz so erfreuen, dass Sie Ihre Augen nicht von ihr lassen können, ihr gar intensiv direkt in die Augen sehen. Denn das ist aus Sicht Ihrer Katze ein Akt der Aggressivität, ein bedrohendes Signal.

Die Augenfarben aller Neugeborenen ist blau und ändert sich bis zur 12. Woche in die bleibende Farbe.

Wussten Sie, dass …

Katzen untereinander sehr selten über Lautäußerungen kommunizieren? Nur im Umgang mit uns Menschen vokalisieren Katzen mehr und in unterschiedlichsten Nuancen, da wir ihre körpersprachlichen und olfaktorischen Signale, also ihre geruchlichen Signale, nicht wahrnehmen und dadurch ignorieren.

Eine Frage der Haltung: das Katzenohr

Auch die Ohren sind ausdrucksstarke und mitteilsame Botschafter des Gemütszustandes Ihrer Katze. Da Katzen ihre Ohrmuscheln separat voneinder und bis zu 180° drehen können, sind sie in der Lage, Geräusche aus unterschiedlichen Richtungen zu lokalisieren. Das eine Ohr nach vorne gerichtet, das andere seitlich: So hören sie tatsächlich stereo und nehmen gleichzeitig Geräusche verschiedener Quellen wahr. Dabei verrät der spielerische Richtungswechsel der Ohren, dass die Katze noch unentschossen ist, welchen Lauten sie ihre volle Aufmerksamkeit schenken sollte. Hat sie sich entschieden, welches Geräusch sie anpeilen möchte, wendet sie den Kopf und richtet schließlich ihre gespitzten Ohren mit hoher Konzentration nach vorne.

Sind die Ohren halb oder seitlich aufgestellt, fühlt sich die Katze unbehaglich, ist misstrauisch und gereizt. Sie könnte aggressiv reagieren, sofern dieses Signal nicht beachtet werden sollte.

Alarmstufte Rot gilt, wenn die Katze ihre Ohren an den Kopf presst, um einem Gegner möglichst wenig Angriffsfläche zu bieten.

Was Katzen auf ihrer Jagd auf kleinere Beutetiere von großem Nutzen ist, kann ihnen aber auch enormen Stress bereiten: Katzen sind in der Lage, Geräusche im Ultraschallbereich zu hören, die wir Menschen nicht wahrnehmen können. Das macht sie extrem geräuschempfindlich. Sogar wenn Ihr Liebling scheinbar tief vor sich hin schlummert, sind seine Ohren empfangsbereit, und er reagiert in Bruchteilen einer Sekunde, sollte er etwas Ungewöhnliches registrieren.

Haarscharfe Wahrnehmung

Menschen können es grundsätzlich auch: Aber wir brauchen schon tiefe wummernde Bässe, um Schall als Vibration in unserem Körper spüren zu können. Katzen brauchen nur eine Bewegung einer kleinen Maus …
Zwölf Schnurrhaare links, zwölf Schnurrhaare rechts, die in vier horizontalen Reihen an der Nase angeordnet sind: Diese feinfühligen – stärker und länger als die gewöhnlichen – Katzenhaare nehmen nicht nur jede Berührung wahr, sondern sogar minimale Verwirbelungen in einer Luftströmung. Alles »Feste«, Gegenstände und menschliche oder tierische Körper bilden kleine Störfelder in ihrem Umfeld innerhalb einer sonst gleichmäßigen Luftströmung. Jede Information über eine Berührung und jede noch so minimale Druckveränderung im Luftzug wird durch die Wurzeln der Schnurrhaare, die mit zahlreichen Nervenenden verbunden sind, an das Gehirn übermittelt. Gesunde Schnurrhaare sind die Voraussetzung dafür, dass eine Katze auch im Dunkeln jagen und töten kann, jedes Hindernis rechtzeitig bemerken und ihm ausweichen kann.
Mit nach vorne gerichteten und gespreizten Schnurrhaaren zeigt sich Ihre Katze aufmerksam, denn sie sammelt in diesem Moment Informationen. Legt sie die Schnurrhaare an ihrem Kopf an, ist das ein Zeichen dafür, dass sie ängstlich ist.
Auch über den Augen, am Kinn und an der Rückseite der Vorderbeine besitzen Katzen diese empfindlichen Fühler – die an der Nase sind aber die bei Weitem wichtigsten.

Die Nervenenden der Schnurrhaare lösen bei Berührungen ein Augenzwinkern aus, um die Augen vor Verletzungen zu schützen.

In der Luft: betörender Duft

Mit Hilfe ihres Geruchssinns erhalten Katzen Informationen über die Umwelt und können so beispielsweise Rückschlüsse über die Anwesenheit, das Geschlecht, den Hormonstatus, Paarungsbereitschaft und Reviermarkierungen von Artgenossen ziehen. Auch die Auswahl geeigneten Futters wird vom Geruchssinn gesteuert: Zunächst wird das Futter schnuppernd begutachtet und daraufhin entschieden, ob es genießbar ist oder nicht. Selbst beim Verzehr des Futters spielt die Nase eine große Rolle, da der Geschmackssinn eine untergeordnete Rolle spielt. Die Geschmacksknospen auf der Zunge können lediglich sauer, salzig und bitter voneinander unterscheiden. Sie haben es bestimmt auch schon einmal beobachtet: Das sogenannte Flehmen, das Ihre Katze etwas angestrengt lächelnd wirken lässt. Dabei verharrt sie für einen Moment nahezu regungslos und scheint Informationen aus der Luft stoßweise und ungleichmäßig in das Maul einzusaugen. Dort vermischt sich die eingesogene Luft mit Speichel, der mit der Katzenzunge an das Jacobson-Organ am Gaumen der Katze gepresst wird. Das Jacobson-Organ erkennt Botenstoffe – Pheromone –, die die Nase der Katze nicht wahrnehmen kann. Beim Flehmen arbeiten so Geruchs- und Geschmackssinn gleichzeitig.

Beim Flehmen riechen und schmecken Katzen gleichzeitig. Dabei werden lustige Grimassen gezogen.

Wussten Sie, dass …

es eine geruchsbedingte Aggression gibt? Vielleicht haben Sie es sogar schon erlebt: Sie waren mit einem Ihrer Lieblinge beim Tierarzt, und wieder zu Hause angekommen, attackiert die Daheimgebliebende den Rückkehrer auf noch nie dagewesene Weise: Diese sogenannte geruchsbedingte Aggression lässt sich mit einem gezielten Geruchsaustausch nahezu verhindern. Reiben Sie die daheimgebliebene Katze mit einem Handtuch ab und nehmen Sie so ihren Geruch auf. Reiben Sie damit die Katze ein, mit der Sie beim Tierarzt waren. So wird die daheimgebliebene Katze sich selbst riechen und keinerlei Gefahr wittern, wenn die verarztete Katze wieder nach Hause kommt.

Jetzt gehörst du wieder zu mir! Für uns nicht wahrnehmbar, werden wir von unseren Katzen zur Begrüßung parfümiert.

Therapie zum Aufsprühen

Wie schon erwähnt, überträgt die Katze beim Markieren mit Gesicht und Körper Pheromone an ihre Umgebung. Pheromone sind Botenstoffe, übertragen Informationen zwischen Katzen und wirken unmittelbar auf Verhalten und Stimmung der Tiere. Synthetisch hergestellte Pheromone können für therapeutische Zwecke eingesetzt werden. Sie wirken nicht toxisch und haben keinerlei Nebenwirkungen. Man unterscheidet zwei Sorten von Pheromonen: Das F3-Pheromon dient der Markierung vertrauter Umgebung und reduziert Stress und Angst. Das F4-Pheromon dient der Allomarkierung und erzeugt einen gemeinsamen Gruppengeruch.

Tuchfühlung? Den Startschuss geben die Katzen!

Sehr viele Katzen lassen sich gerne streicheln, da die Berührung der menschlichen Hand ein ähnliches Gefühl auslöst wie das Lecken einer Katzenzunge. Wo am liebsten, wie lange und mit welcher Intensität und Geschwindigkeit der Bewegung eine Katze berührt und gestreichelt werden möchte, lässt sich nicht pauschalisieren. Nasenrücken, Wangen, Stirn und Kinn sind aber Bereiche, die Sie vermutlich bei jeder Ihnen vertrauenden Katze streicheln dürfen. Lassen Sie eine Katze, die sich Ihnen nähert, aber zunächst an Ihrer Hand schnuppern und sich gegen Ihre Finger drücken, bevor Sie sie berühren. Wenn Ihre Katze sich mit laszivem Blick vollkommen entspannt auf dem Rücken fläzt und Sie mit ihrem flauschigen Bauchfell zum Kraulen einzuladen scheint, zeigt sie, dass sie sich sicher fühlt und Ihnen hundertprozentig vertraut. Und trotzdem sollten Sie der Verlockung widerstehen: Streicheln am Bauch ist für viele Katzen nicht immer angenehm, da sich dort Haarwurzeln befinden, die besonders empfindlich auf Berührungen reagieren.

Tabuzone Bauch: Wenn überhaupt, streicheln Sie ihn bitte nur, solange Körper und Gesichtszüge entspannt wirken.

Wussten Sie, dass …

es eine aus der Feldenkrais-Methode entwickelte Therapie für Tiere gibt? Die Technik heißt TellingtonTTouch® und wurde von Linda Tellington entwickelt. Durch behutsame Berührungen unserer Finger und Hände werden bei der Katze Nerven stimuliert und Selbstheilungsprozesse aktiviert. Sie können diese Methode sehr leicht erlernen und anwenden. Speziell auf ängstliche Katzen haben die Berührungen eine beruhigende Wirkung. Aber Vorsicht: Bitte achten Sie immer auf Ihre eigene Energie, Ihre eigenen Emotionen. Ihre Hände können wie ein Turbo bei der Übertragung von Emotionen wirken!

Aufhören, wenn´s am schönsten ist

Ihre Katze liegt wie malerisch hingegossen schnurrend auf Ihrem Schoß, Sie sitzen gedankenverloren darunter – die Welt ist himmlich. Und dann bricht die Katze wie vom Blitz getroffen aus der Idylle aus: Sie hat sich plötzlich nach Ihnen umgedreht und Ihnen in Ihren Augen »grundlos« in die Hand gebissen …

Streicheln wir unsere Vierbeiner – nach ihrem Empfinden – zu lange, zu intensiv oder an Körperstellen, an denen es unangenehm ist, kann es zu einer Überstimulation kommen, infolge derer Ihre Katze vollkommen unverblümt explosiv reagieren kann. Es ist an uns, so sensibel zu sein, die subtilen Warnsignale ihrer Erregung wahrzunehmen. Es gibt Katzen, die einfach aufstehen und sich von uns entfernen, aber auch die, die uns klare Botschaften ihrer Verärgerung senden. Anzeichen von Unmut sind beispielsweise ein wellenartiges Zucken der Haut, ein Zucken oder Aufschlagen des Schwanzes, erweiterte Pupillen oder angelegte oder zuckende Ohren, das Stoppen des Schnurrens, ein sich verspannender Körper oder sich nach vorne richtende Schnurrhaare. Wenn Sie einen dieser Vorboten von Verärgerung wahrnehmen, sollten Sie die Schmuseeinheit sofort beenden.

Apropos schnurren: Eine schnurrende Katze muss nicht eine glückliche Katze sein. Katzen schnurren auch bei Schmerzen, etwa wenn sie verletzt sind. Katzen erzeugen den soft rollenden Laut ohne jegliche Anstrengung beim Ein- und Ausatmen über das »falsche« Stimmband.

KOMMUNIKATION MIT BELLA UND MOMO

Sechs Monate unter dem Kleiderschrank

Marlene Seidel hatte sich von ihrem Partner getrennt, und mit seinem Auszug hatte auch die gemeinsame Katze die Wohnung verlassen. Marlene war zwar berufstätig und täglich mehrere Stunden unterwegs, aber ein Leben ohne Katze konnte sie sich nicht vorstellen. Und so nahm sie das einige Wochen alte Geschwisterpaar Bella und Momo aus einer Katzenauffangstation zu sich. Dass die beiden sehr ängstlich waren und sich nicht anfassen ließen, hatte Marlene nicht davon abhalten können, diese zwei bezaubernden Pelztierchen bei sich aufzunehmen. Sie hatte ja in den letzten Jahren Erfahrung mit Katzen gemacht, und ihre großzügige Wohnung würde den beiden sofort ein sicheres Zuhause geben.

Aber es kam anders, als sie sich ihr Zusammenleben mit den beiden Kätzchen vorgestellt hatte: Von Tag eins ihrer Ankunft lebten die Geschwister unter dem wuchtigen Eichenschrank im Wohnzimmer. Nur wenn Marlene schlief oder nicht zu Hause war, schienen sie ihren Unterschlupf zu verlassen, um zu fressen und zu trinken, die Wohnung zu inspizieren und sehr wild zu spielen. Seit einem halben Jahr hatte Marlene nicht viel mehr als die Schwanzspitzen ihrer beiden jungen Katzen gesehen und nachts ihr forderndes Maunzen als sehr belastend empfunden.

»Selten kommen sie unter dem Schrank hervor, wenn ich in der Wohnung bin. Sobald ich mich ihnen aber nähere, um sie zu streicheln, verschwinden sie wieder in ihrer Sicherheitszone ...«, beschrieb Marlene die derzeitige Situation.

Wir alle kennen es: Persönliche Unterhaltungen oder Telefonate können bei uns die unterschiedlichsten Gedanken, Emotionen oder sogar körperlichen Empfindungen auslösen. Nach dem etwa halbstündigen Gespräch mit Marlene fühlte ich mich regelrecht atemlos. Marlene sprach unsagbar laut und schnell,

Auf einen Blick

Themen

- Angst
- Nerviges Verhalten in der Nacht

Ursachen

- Schlechte Sozialisation
- Tier-Mensch-Beziehung: Hektik und Stress von Marlene
- Langeweile
- Ungeeignetes Umfeld

Empfehlungen

- Gemeinsame Meditationen und Meditationsmusik
- Stärkung des Selbstvertrauens durch gemeinsames Spielen
- Attraktive Gestaltung des Umfeldes
- Energetische Behandlungen für Marlene, Bella und Momo
- Bachblütenmischungen

Resultat

- Schon nach ein paar Wochen kamen die beiden Katzen immer öfter aus ihrem Versteck und schliefen sogar bei Marlene im Zimmer. Nach einem halben Jahr konnte Marlene sogar Besuch empfangen, und die Katzen beobachteten das Geschehen von ihren neuen Aussichtsplattformen.

ein Satz fügte sich an den nächsten, ohne dass sie vernehmbar Luft holte. Sie schien enorm angespannt und während unseres Gesprächs die Wohnung aufgeräumt, gekocht und ihre Wäsche aufgehängt zu haben …

Warum Kopf und Hals riskieren?

Es kommt nicht selten vor, dass Tiere, die gemeinsam in einem Haushalt leben, sich auch gemeinsam zu einem Thema oder einer Problematik äußern möchten. Sie können in einer zeitgleichen Kommunikation mit einer Stimme sprechen oder auch gegenteilige Positionen einnehmen: beispielsweise wenn es sich um die Verteilung von Ressourcen dreht. Es ist dann an uns Menschen, all die geäußerten, unterschiedlichen Wünsche und Bedürfnisse unter einen Hut bzw. unter ein Dach zu bekommen. Auch Bella und Momo wollten gemeinsam zum Ausdruck bringen, was sie bewegt. Sie waren durch die gelebten Umstände quasi zu einer energetischen Einheit geworden und äußerten sich einstimmig.

»Wir fühlen uns hier sicher und geschützt«, sagten sie und übermittelten mir ein Gefühl der Geborgenheit, solange sie sich in ihre Decken unter dem Schrank einkuschelten. »Uns ist häufig sehr langweilig, aber das aufgeregte Hin- und Hergerenne, die ohrenbetäubende Lautstärke von Marlenes Stimme, die hastigen Bewegungen machen uns Angst. Marlene verhält sich wie außer sich«, erklärten beide.

Positive Stimulation plus poetische Stille

Was den Geschwistern fehlte, waren sowohl Selbstvertrauen als auch Vertrauen zu Marlene. Und es fehlte ihnen jegliche Form von Stimulanz, von Animation, von Inspiration. Das Selbstvertrauen von Katzen steht in enger Beziehung zu ihrem Territorialverhalten und den daraus resultierenden Rhythmen, ihrer Beute aufzulauern oder sie zu jagen, sie zu fangen, zu töten und zu fressen – und sich zu putzen und zu schlafen. Ein gleich bleibender Rhythmus von wiederkehrenden Ritualen sorgt dafür, dass Katzen ein Gefühl von Sicherheit und Stabilität erlangen.
Meine Idee war, an zwei »springenden Punkten« gleichzeitig eine Veränderung zu bewirken: Marlene sollte dafür sorgen, ihre beiden Lieblinge zu stimulieren. Das würde aber nur funktionieren, wenn sie selbst zur Ruhe käme und ihre augenblickliche kopflos-strapazierende Energie die Katzen nicht verschreckte.

Wussten Sie, dass …

Multi-Tasking nicht funktioniert? Wir können nicht mehrere Dinge gleichzeitig machen, sondern nur nacheinander. Das heißt: Wenn Sie das Gefühl haben, gleichzeitig zu telefonieren, zu kochen und mit den Katzen zu spielen, tun Sie alles in kurzen Sequenzen nacheinander – und damit nichts richtig fokussiert. Sie hören bei dem Gespräch nicht aufmerksam zu, das Essen ist potenziell versalzen, und die Katzen fühlen sich nicht beachtet …

Ich empfahl Marlene, jeden Tag, sobald sie von ihrer Arbeit nach Hause kam, sich zurückzuziehen, zu meditieren oder Atemübungen zu praktizieren, um in die eigene Ruhe zu kommen. Dafür konnten an manchen Tagen zehn Minuten ausreichend sein, manchmal würde sie vielleicht eine halbe Stunde oder sogar länger benötigen.
Ich unterstützte Marlene parallel mit regelmäßigen energetischen Sitzungen. Marlene sollte außerdem versuchen, mit leiser und ruhiger Stimme zu sprechen, wenn sie beispielsweise telefonierte oder sich an die Katzen wandte. Jede Körperbewegung, die sie machte, sollte sie versuchen, bewusst auszuführen, um so zu vermeiden, hektisch zu agieren.
Sobald sie die Rastlosigkeit ihres Tages hinter sich gelassen hatte, setzte oder legte sie sich auf den großen, rosa-orangefarbenen, kuscheligen Zottelteppich in ihrem Wohnzimmer – in respektvollem Abstand zum Unterschlupf der beiden Katzen. Sie begann, leicht zu der ausgewählten Meditationsmusik vor sich hin zu singen oder zu summen, und eröffnete mit diesem neu geschaffenen Ritual das Spielfeld. Schon nach wenigen Tagen siegte die Neugierde und der Impuls zu jagen: Bella und Momo kamen nun aus ihrem Versteck, und Marlene konnte mit ihnen spielen – zunächst mit Angelspielzeugen, die eine sichere Distanz wahren ließen.
Unterstützt von Energiearbeit auch für die beiden Katzen, saßen sie bereits nach einer weiteren Woche auf dem Teppich, noch bevor Marlene überhaupt den Raum betreten hatte. Marlene sorgte außerdem für ausreichende Beschäftigung und Anregung, wie beispielsweise »Fummelbretter« für die Zeit, in der sie nicht zu Hause war.
Inzwischen ist das versteckte Leben unter dem Schrank für die beiden Katzen Geschichte. Sie schlafen bei Marlene im Bett, und selbst von Besuchern lassen sich Bella und Momo nicht mehr erschrecken.

Und jetzt Sie ...

Ein Fummelbrett, DAS Upcycling-Intelligenzspielzeug selbst bauen

Ein Fummelbrett ist ein Spielzeug, mit dem sich Ihre Katze selbstständig über eine längere Zeit – nicht unbedingt am Stück – beschäftigen kann. Diese Beschäftigung erfordert und fördert die Intelligenz und die Motorik Ihrer Katze. Denn sie muss Strategien entwickeln und durch Einsatz verschiedener Körperteile sehr beweglich, koordiniert und geduldig agieren. Auf einem Spielbrett werden Gegenstände wie beispielsweise alte Eierkartons oder Papprollen, kleine Holzfiguren oder leere Joghurtbecher befestigt. Zwischen und in diesen Gegenständen werden Leckerlis, Trockenfleisch oder Käsestücke versteckt. Die Geschicklichkeit Ihrer Katze ist dann gefordert, mit Pfoten und Zunge an ihre Beute zu gelangen.

So klappt es

- Besorgen Sie ein mit ungiftigem Lack beschichtetes Holzbrett.

- Befestigen Sie an der Unterseite des Brettes rutschhemmende, selbstklebende Filzfüße.

- Befestigen Sie alle Gegenstände auf der Vorderseite des Brettes mit Heißkleber. Heißkleber lässt sich leicht verarbeiten, ist ungiftig und rückstandsfrei wieder abzulösen.

- Befüllen Sie das Brett mit den leckersten Leckereien.

Katzen können sich über Stunden mit den ihnen gestellten Herausforderungen beschäftigen.

GEWOHNHEITSTIER UND ABENTEURER

Katzen lieben einen gleich bleibend strukturierten Alltag aus Putz-, Schlaf- und Ruhephasen sowie höchst aktiven Zeiten des Auflauerns, Jagens und Fressens ihrer Beute und das Markieren des Reviers.

Keine Bewegung im Revier entgeht den wachsamen Wahrnehmungsorganen einer Katze.

AM LIEBSTEN: JEDEN TAG
ALLTAG

Rituale, große, kleine und kaum registrierte tägliche Handlungen, prägen unseren Alltag und nicht nur bestimmte Anlässe wie Geburtstage, Ostern oder Weihnachten. Ein Ritual ist mehr als eine »dumme Angewohnheit« – der morgendliche alle Sinne weckende Espresso, das wöchentliche Essen an gleichem Platz in gleicher Runde sind Anker, die uns Stabilität, Sicherheit und das Gefühl des Sich-fallen-lassen-Könnens geben. Ganz besonders gemeinsame Rituale lassen uns Teil von etwas Größerem werden und geben uns Raum für das Gefühl kollektiver geistiger Heimat.
Einerseits brauchen wir in unserem Leben eine gute Portion Bekanntes, sich Wiederholendes, unsere Kom-

Durch spielerische Bewegungen bekommen Kitten das benötigte Überlebenshandwerkszeug, etwa zum Jagen.

Wussten Sie, dass …

Sie täglich etwa eine Stunde mit Ihrer Katze spielen sollten? Spielen ist für Indoor-Katzen essenziell und muss zum täglichen und unverrückbaren Ritual werden. Am besten eingeteilt in mehrere Sequenzen aus »beobachten, auflauern, jagen, töten« von einigen Minuten. Dabei werden von Ihrer Samtpfote 100-prozentiges Engagement und spielerische Kreativität erwartet. Die Fellmaus sollte zur quiekenden Beute werden, die Ihre Katze jagen kann! Vielfach haben Katzen ihre Vorlieben für ganz bestimmte Beutetiere, die Sie herausfinden müssen. Eine Cool-down-Phase am Ende jeder Spielsequenz ist wichtig, denn ein plötzlicher Spielabbruch kann leicht in Frustration umschlagen.

fortzone, um aus der daraus entstehenden Überschaubarkeit und Gleichförmigkeit besonders fordernde Situationen mühelos bewältigen zu können. Und andererseits brauchen wir eine satte Prise Neues und nervenkitzelnd Unbekanntes, um zumindest hin und wieder aus eben dieser Komfortzone heraustreten zu können, um über unsere Tellerränder zu klettern und uns weiterentwickeln zu können.

Katzen lieben Rituale und ihren immer gleich strukturierten Tagesrhythmus, die ihnen ein Gefühl von Sicherheit und Stabilität geben. Aber sie brauchen auch ihren täglichen Kick einer sich verändernden Stimulation im Umfeld, um Energie abbauen zu können. Jeder Haushalt mit seinen Menschen und Tieren, jedes familiäre System hat einen ganz eigenen routinierten Rhythmus aus energetischen Hoch- und Ruhephasen. Ein eingespielter, gemeinsamer Tagesablauf sollte sowohl individuelle Aktionen berücksichtigen als auch gemeinschaftliche Interaktionen beinhalten und allen Mitgliedern des Haushaltes gleichermaßen gerecht werden.

Die Katze lässt das Mausen nicht

Katzen sind Raubtiere und jagen alles, was kleiner ist als sie selbst – kleinere Tiere deshalb, weil sie allein auf Streifzüge durch ihr Revier gehen. Das Jagen ist genetisch bestimmt, jede Katze verfügt über ein angeborenes Grundwissen. Zu ausgefuchsten Jägern werden Katzen

Spielen ist für Katzen das reinste Vergnügen: Das »Glückshormon« Dopamin wird ausgeschüttet, das ein Gefühl absoluten Wohlfühlens erzeugt.

aber erst dann, wenn sie ihre Mutter beim Beutefang begleiten und durch Beobachtung und eigene Erfahrungen lernen.

Jagen und Fressen sind voneinander getrennt zu betrachtende Verhaltensweisen, denn die Motivation für die Jagd bleibt unabhängig davon, ob eine Katze gefüttert wird oder nicht, erhalten. Animiert durch visuelle, akustische und olfaktorische Reize sind Katzen mehrere Stunden täglich mit ihrer jagdlichen Aktivität beschäftigt.

Als Schleichjäger nähern sich Katzen ihrer Beute auf geräuschlosen Pfoten, um sie auf kurze Distanz angreifen zu können.

Das Jagdmuster ist davon abhängig, ob Maus, Vogel oder Fisch ins Visier der Katze geraten ist. An Nagetiere pirschen Katzen sich heran, greifen sie nach einem blitzartigen Sprung mit beiden Vorderpfoten, um sie dann zu töten. Vögel werden fliegend in der Luft angesprungen, um sie mit einer zangenartigen Umklammerung der Vorderpfoten nach unten zu ziehen.

Das Fischen ist etwas Besonderes und eine nicht häufig zu sehende Technik: Katzen lauern am Ufer so lange, bis ein Fisch nahe an sie heranschwimmt, um dann pfeilschnell mit einer Pfote unter den Körper des Fisches zu tauchen und ihn über die eigene Schulter aus dem Wasser zu schleudern.

Diese instinktiv verankerte Bewegung des Fisch-Schleuderns zeigen Katzen besonders häufig beim Spielen, wenn sie ihre Beute aus Plüsch oder Kunststoff nach oben werfen.

Und jetzt Sie …

Welches Futter und wie viel?

Das Angebot an Fertigfutter ist unüberschaubar, das Barfen nicht immer einfach, wenn man gewährleisten möchte, dass die Katze optimal mit allen Nährstoffen versorgt ist.
Mit einem einfachen kinesiologischen Test können Sie herausfinden, welches Futter für Ihr Tier das richtige ist.

So klappt es

- Halten Sie das Futter in Ihrer linken Hand oder schreiben Sie den Namen des Futters auf einen Zettel und halten diesen in Ihrer linken Hand.
- Fragen Sie laut: Ist dieses Futter das richtige für meine/n … (Setzen Sie hier den Namen Ihrer Katze ein)?
- Wenn sich Ihr Körper nach vorne richtet, ist es das richtige Futter. Wenn sich Ihr Körper nach hinten neigt, ist es nicht das richtige.
- So können Sie auch die ideale Menge des Futters erfragen, etwa: Sind mehr als 200 Gramm die richtige Futtermenge für …? Sind weniger als 250 Gramm die richtige Futtermenge für …?

ACHTUNG! In der Kinesiologie geht man davon aus, dass der Körper genau weiß, was gut für ihn ist. Es ist ein wissenschaftlich nicht anerkanntes alternativmedizinisches Diagnose- und Therapieverfahren ohne belegte Wirksamkeit. Bei Krankheit Ihrer Katze wenden Sie sich bitte an einen Ernährungsexperten oder Ihren Tierarzt.

Katzen sind von Natur aus dämmerungs- und nachtaktiv und dabei häufig erfolgreicher bei der Jagd als tagsüber.

Inhouse-Entertainment: vom Stubenhocker zum Stubentiger

Katzen, die die Möglichkeit haben, durch die Natur zu stromern, sind durch kontinuierlich sich verändernde Reize gefordert, immer wieder neue Erfahrungen zu machen und auf unterschiedlichste Situationen adäquat zu reagieren. Dabei können sie ihrem Jagdtrieb und Bewegungsdrang nachgehen.

Katzen dagegen, die nur in Innenräumen gehalten werden, benötigen entsprechende Beschäftigung und Herausforderungen, um ihnen eine hohe Lebensqualität zu bieten. Was es dazu braucht, ist ein »Jagdersatz«: Und das ist das auf den Charakter, das Alter und die Fitness Ihres Tieres individuell zugeschnittene Spiel. Beglückendes Spielen regt mehrere Sinne der Katze gleichzeitig an, denn Ihr Stubentiger reagiert auf optische Reize, Geräusche und Gerüche. Für das gemeinsame Spiel sind Sie deshalb gefordert, der Stoffmaus, dem Igelball oder Raschelsack quitschend-zappelnd, zischend-fliegend, schnalzend-springend … Leben einzuhauchen.

Mit unterschiedlichen Geschwindigkeiten, selbstrotierend, farbenfroh oder eher schlicht, in Form von Fisch, Vogel oder fliegendem Eichhörnchen: Interaktives Spielzeug kann die gemeinsame Aktivität begleiten und abwechslungsreich gestalten. Mitentscheidend für ein gelingendes Spiel ist die Nachahmung von Rhythmus und Struktur einer erfolgreichen Jagd.

Ebenso wie Intelligenzspiele, bei denen Ihre Katze strategisch klug vorgehen muss, um an ihr Futter zu gelangen, kann interaktives Spielzeug Ihre Katze beschäftigen, wenn sie alleine ist.

In- und Outdoorvergnügen

Vielleicht haben Sie die Szenerie schon selbst erlebt: Wir können einigermaßen konsterniert sein, wenn wir sehen, wie unsere absolute Lieblingskuschelkatze einen kleinen Vogel auf grausamste Weise zu Tode quält, anstatt ihn mit einem effektiven Biss zu töten. Verhaltensforscher haben festgestellt, dass dieses Verhalten nur bei – gut gefütterten – Hauskatzen zu beobachten ist und bei wilden Katzen nicht.

Es scheint so zu sein, dass der Fang eines kleines Beutetieres für Hauskatzen ein derartig sensationelles Ereignis ist, dass sie das Vergnügen daran möglichst lange genießen und den Tod der Beute so lange wie möglich herauszögern möchten.

Eine Zeitung, Pappkartons, Küchenrollen und Papiertüten: Es ist ein Leichtes, Ihre Katzen über Stunden zu beschäftigen.

Putzen macht glücklich

Nicht von oben nach unten, sondern von vorne nach hinten putzen sich Katzen regelmäßig nach dem Fressen, vor und nach einer Ruhephase und können damit nahezu den halben Tag verbringen. Durch wiederholtes Schlecken bleibt das Fell geschmeidig, behält seine isolierende Wirkung und schützt so vor Kälte, Hitze und Nässe. Die gründliche Reinigung des Fells hält Parasiten fern, entfernt Fremdgerüche, um nicht selbst Opfer größerer Raubtiere zu werden, und verstärkt den Eigengeruch. Ein Gruppengeruch entsteht durch gegenseitiges Putzen befreundeter Katzen: Das stärkt die Bindung und baut Spannungen und Stress ab. Durch das Putzen wird die Produktion von Endorphin angeregt, einem von sechs Glückshormonen, das einen angstlösenden, entspannenden Effekt hat.

Leckt sich Ihre Samtpfote aber zu häufig und intensiv, könnte die Ursache auch eine Entzündung der Zwischenzehenhaut oder des Nagelbetts sein. Wenn die Fellpflege in spannungsgeladenen Situationen übertrieben wird, spricht man auch vom Verdrängungsputzen.

Über den Tag verteilt, ruht und schläft eine Katze bis zu 15 Stunden, um Energie für die Jagd zu tanken.

Wussten Sie, dass …

Sonnenstrahlen auf dem Fell Ihrer Katze Vitamin D erzeugen? Während Ihre Katze mit der Zunge durch das sonnenstrahldurchflutete Fell leckt, nimmt sie das essenziell wichtige Vitamin auf. Das Abschlecken der Pfoten kann aber auch krankheitserregende oder sogar tödliche Konsequenzen haben, wenn die Katze zuvor durch Mäusegift oder ausgelaufene Substanzen im Haushalt (beispielsweise desinfizierende oder antibakterielle Reinigungsmittel mit Benzalkoniumchlorid) gelaufen ist.

Die Zunge ist manchmal nicht zu bändigen

Sie schnellt zwar nicht mit der Höchstgeschwindigkeit der Schleuderzunge des Chamäleons aus dem Maul, und trotzdem kann uns die scharfe und zackige Bewegung des Zungenschlags einer Katze – der wie aus einem Kontext gerissen zu sein scheint – ins Auge fallen. Dieses kurze Lecken mit der Zunge über die Lippen ist nicht mit dem üblichen Säubern nach dem Fressen oder beim Putzen zu erklären, sondern ist ein Zeichen dafür, dass die Aufmerksamkeit der Katze von einem Geräusch oder einem Objekt, das sie fasziniert oder irritiert, gefesselt ist. Das Lecken deutet hier auf einen inneren Konflikt hin, der für die Katze momentan nicht zu lösen ist: Laufe ich weg, oder siegt meine Neugierde? Wir Menschen kratzen uns in vergleichbaren Situationen am Kopf.

Dösen, dämmern, schlafen: Formen perfekter Seligkeit

Der Rhythmus von Schlaf- und Aktivitätsphasen der Samtpfoten ist sehr individuell und in der Regel dem Tagesablauf des Haushalts angepasst. Katzen sind von Natur aus dämmerungs- und nachtaktiv, können sich aber durchaus auch an andere Zeiten für ihren Tatendrang gewöhnen.

Die Dauer der Ruhe- und Schlafphasen hängt von unterschiedlichen Faktoren ab. So sind das Alter der Katze, die Jahreszeit und Temperatur sowie die generellen Lebensbedingungen, wie die Sicherheit und Qualität des Schlafplatzes, entscheidend für die Zeitspanne, in der Katzen in Morpheus´ Armen liegen. Über den Tag verteilt, ruht und schläft eine Katze bis zu 15 Stunden – deshalb so lange, um Energie für die Jagd zu tanken.

PRÄGUNG UND SOZIALISATION

Wie bei uns Menschen kann sich eine pränatale Belastung wie etwa Stress während der Trächtigkeit auf die spätere Entwicklung der Katzenwelpen auswirken.
Durch Nahrungsmangel oder andere Strapazen werden Stresshormone bei der werdenden Katzenmama ausgeschüttet, die eine negative Auswirkung auf die emotionale Balance sowie die Entwicklung des Gehirns der Kitten haben. Die weitere Ausbildung des Gehirns hängt wesentlich von Umweltfaktoren während der ersten Lebenswochen ab. Katzenbabys sind während ihrer ersten Tage blind, taub und absolut hilflos. Die ersten sieben Lebenswochen, in denen die Fähigkeiten, zu hören und zu sehen, komplett ausgebildet werden, sind die sensible, prägende Phase für die Entwicklung einer Katze.
Katzen sind von Natur aus nicht zahm. Eine Viertelstunde tägliche »One-on-one«-Beschäftigung mit den entzückenden Wollknäueln reicht aus, um eine Beziehung zu Menschen aufzubauen – andernfalls werden die neugeborenen Kätzchen eher früher als später ihre wilde Seite ausleben.

Entscheidend, ob und wie sie einmal mit Menschen, Artgenossen und anderen Tieren zurechtkommen, sind der Kontakt und Aufbau einer Beziehung in diesen ersten Wochen sowie vielgestaltige Umweltreize. Fehlt eine gute Sozialisation, werden Katzen später wie Wildtiere reagieren. Von ungefähr der neunten bis zur zwölften Lebenswoche lernen die Katzenkinder im Spiel mit Geschwistern und durch Erziehung der Katzenmama emotionale und motorische Selbstkontrolle sowie soziale Verhaltensweisen.
Werden Katzen zu früh von ihrer Mutter getrennt, werden sie oftmals ängstlich, zeigen sich unruhig und leicht reizbar.

Eine Frage der Reife

Mit Erlangen der sozialen Reife im Alter zwischen zwei und vier Jahren werden die Katzen-Karten noch einmal neu gemischt. Jetzt zeigt sich, ob Ihre Katze mehr oder weniger territorial orientiert ist und welchen

Ob ein Schlafplatz für alle ausreicht? Das entscheidet sich erst mit Erlangen der sozialen Reife im Alter von zwei bis vier Jahren.

Einfluss das auf das eingespielte soziale Gefüge im Haushalt hat. Mit Eintritt der sozialen Reife und dem damit verbundenen Selbsterhaltungstrieb können aus besten Kumpels plötzlich Streithähne um einen höheren Rang und damit um Ressourcen werden.
Sie können sehr viel dazu beitragen, Konkurrenzverhalten zu vermeiden: Stellen Sie ausreichende und gut erreichbare Ressourcen für alle Katzen zur Verfügung. Katzen können sich dann ihrem natürlichen Verhalten des Raum-Zeit-Sharings entsprechend aus dem Weg gehen.

Total emotional

Intensive emotionale Erfahrungen werden bei Menschen und Tieren in den Körperzellen gespeichert. Häufig hindern diese sogenannten eingeschlossenen Emotionen uns und unsere Tiere daran, ein »leichtes« Leben zu führen. Jede Veränderung hat das Potenzial, Ihre Katze aus dem Gleichgewicht zu bringen. Ein umgestelltes Möbelstück, ein veränderter Tagesrhythmus, der Auszug eines Familienmitglieds kann eine Stressreaktion Ihrer Katze auslösen, in deren Folge sich emotionale Blockaden bilden können.

Als Kitten müssen sie lernen, mit Frustration umzugehen. Sonst kann sich Frust später als Aggression zeigen.

Wussten Sie, dass …

es eine Reihe verschiedener Anzeichen dafür gibt, dass Ihre Katze gestresst sein könnte?

- Zurückhaltung oder Weigerung von Fressen, Körperpflege und Aktivitäten
- Urinieren/Markieren außerhalb der Toilette
- Keine Schlafphasen, sondern nur noch Ruhephasen
- Verstecken, sozialer Rückzug
- Angstaggression gegen andere Katzen oder Menschen
- Phobien
- Hohe Reaktivität auf Bewegungen und Geräusche

Traumatische Erlebnisse

Stress oder selbst ein stark belastendes Erlebnis löst nicht automatisch ein Trauma aus, solange dem Menschen oder dem Tier innere Stabilität und Ruhe, soziale Unterstützung sowie Ur- und Selbstvertrauen in ausreichendem Maße zur Verfügung stehen. Ist das nicht der Fall und ist ein Ereignis so dramatisch und überwältigend, dass das gesamte Nervensystem aus den Fugen gerät, spricht man von einer traumatisierenden Situation. Die Ereignisse, die ein Trauma auslösen, fühlen sich für Mensch und Tier bedrohlich, wenn nicht sogar lebensbedrohlich an, weil ihnen die Fähigkeit, adäquat zu reagieren, verloren geht. Man weiß, dass für Menschen auch das Miterleben von Situationen, in denen andere emotionale oder körperliche Verletzungen erleiden, ähnlich belastend ist wie das Erleben am eigenen Leib.

In Kommunikationen mit Tieren erfahre ich häufig dasselbe: Tiere werden traumatisiert alleine durch das Miterleben von Gewalt an anderen Tieren, beispielsweise in Tötungsstationen. Durch traumatische Erfahrungen können Reaktionen wie »abgestumpftes Betäubtsein«, Aufregung, Angst und Schreckhaftigkeit, Hyperaktivität und Schlaflosigkeit oder Rückzug und Depression ausgelöst werden. Wird das Trauma durch beispielsweise Geräusche, Gerüche oder ähnliche Situationen immer wieder angetriggert, kann es zu Ausbrüchen von Panik oder Aggressionen kommen – man spricht dann von

Retraumatisierung. Traumatische Erlebnisse bleiben – sofern sie nicht in therapeutischer und/oder energetischer Form behandelt werden – lebenslang im Körper gespeichert.

Der Schlüssel zur Traumaheilung

Eine traumatisierende Situation löst bei Menschen und Tieren eine energetische Widersprüchlichkeit aus: Einerseits läuft das Nervensystem auf höchster Alarmstufe, was eine gewaltige innere Unruhe auslöst, andererseits ist der Körper bis zur Regungslosigkeit erstarrt.
Die Symptomatiken, die durch traumatisierende Erlebnisse sichtbar werden, entstehen nicht durch das Erlebnis selbst, sondern durch im Körper förmlich erkaltete Energie, die nicht aufgelöst werden konnte. Diese Form der erstarrten Energie, diese Energieblockade, kann sich nicht selbstständig wieder auflösen oder entladen. Diese Energie verbleibt im physischen und energetischen Körper bestehen und wirkt auch noch jahrelang auf körperlicher, mentaler und emotionaler Ebene nach – so lange bis sie gelöst ist. Wenn sie nicht gelöst wird, entstehen bei uns wie auch unseren Katzen Symptome wie Angst, Depression oder andere Formen von Verhaltensproblematiken. Interessanterweise entwickeln wild lebende Tiere keine derartigen Symptome, wenn sie sich im Überlebenskampf aus für sie lebensbedrohlichen Situationen befreien konnten. Sie verfügen über eine natürliche und instinktive Heilkraft und können sich selbstständig, ohne fremde Einwirkungen, energetisch ausgleichen. Wenn wir den Zugang zu unserer animalischen, instinktiven und intuitiven Natur finden könnten, wäre das eine Möglichkeit, sich schneller und effektiver von traumatisierenden Erfahrungen zu heilen. Wir alle haben im Laufe unseres Lebens Berührung mit traumatisierenden Situationen, zumal Traumtata auch vererbt werden können und so zum Beispiel Erfahrungen, die unsere Eltern und Großeltern im Krieg gemacht haben, in uns weiterleben. Und aus diesen ererbten Traumata entstehen immer neue und weitere Traumata. Die gute Nachricht ist: Wenn wir verstehen, dass unser Organismus in der Lage ist, sich selbst zu heilen, reichen oftmals relativ einfache energetische und therapeutische Methoden aus, um die uns angeborene Fähigkeit ein wenig anzuschubsen und die Blockaden, die einen gesunden Energiefluss verhindern, zu lösen.

Was niemals hilft, wenn Sie Katzen verstehen wollen, ist Schwarz-Weiß-Denken. Fühlen Sie anstatt dessen lieber in Rosa-Rot!

KOMMUNIKATION MIT JOSI

Plötzlich ist alles anders

Marion Tiemann rief mich an, weil ihre Katze Josi seit einigen Wochen unsauber war und neben ihre Toilette urinierte. Eine Untersuchung bei ihrer Tierärztin hatte keinen Befund ergeben, und sie konnte sich aus dem Verhalten von Josi keinen Reim machen.

»Ich tue wirklich alles, um Josi glücklich zu machen, versuche ihr jeden Wunsch von den Lippen abzulesen. Seit einem Vierteljahr bin ich pensioniert und habe mich so sehr darauf gefreut, endlich viel Zeit mit Josi verbringen zu können. Und nun das!«, erklärte Marion am Telefon und klang dabei deprimiert und auch ein wenig wütend.

Marion wollte durch eine Kommunikation die Ursache für die Unsauberkeit erfahren und darüber hinaus alles über den physischen und psychischen Zustand ihrer Katze wissen.
Sie vermutete, dass Josi Rückenschmerzen haben könne, da sie sich nicht mehr gerne über den Rücken streicheln ließ. Marion hatte Josi als junge Katze aus dem Tierschutz bei sich aufgenommen. Josi war inzwischen sechs Jahre alt, immer kerngesund gewesen und hatte niemals Verhaltensauffälligkeiten gezeigt.

Sanftmut auf vier Beinen

In der telepathischen Kommunikation zeigte sich mir Josi als sanftmütige, mütterliche, zurückhaltende, aber ganz und gar nicht scheue Katzendame. Sie schien mir einerseits gelassen und grundsätzlich in ihrer Mitte zu sein, andererseits aber auch etwas irritiert:

> *»Ich schätze es wirklich sehr, dass Marion sich so fürsorglich um mich kümmert, aber sie ist mir im Moment ganz fremd«, sagte sie, und ich spürte die große emotionale Last, die Josi derzeit zu tragen schien.*

Marions Leben schien sich nur noch um Josis Wohlbefinden zu drehen. Josi ließ mich wahrnehmen, dass das Zuviel an Marions

Auf einen Blick

Themen

- Unsauberkeit
- Rückzug

Ursachen

- Veränderter Lebensrhythmus
- Tier-Mensch-Beziehung: Spiegelung der Unzufriedenheit von Marion
- Toilette an falschem Standort und neues Reinigungsmittel

Empfehlungen

- Änderung des Standorts der Toilette plus weitere Toilette
- Energetische Behandlung und Coaching für Marion
- Angepasster Lebensrhythmus
- Energetische Harmonisierung der Verbindung
- Gemeinsames Spielen

Resultat

- Nach nur einer Woche hat Josi beide Toiletten benutzt und nach einer weiteren Woche sich auch wieder streicheln lassen.

Nähe, verbunden mit einer Energie aus Unzufriedenheit und Selbstzweifel, sie belastete. Marion war wütend auf sich, da sie die Ursache für Josis unerklärbares Verhalten nicht finden konnte, und zugleich wütend auf Josi, da sie sich ihr neues Leben nach der Pensionierung ganz anders vorgestellt hatte. Josi vermittelte mir die Ambivalenz, die sie in Marions Gegenwart empfand:

»Ich liebe es, miteinander zu schmusen, aber ...«

Sie stockte, und ich sah vor meinem inneren Auge, wie ihre Rückenmuskulatur in dem Moment, in dem Marion sie berührte, zuckte. Die Berührung schien zwar keine Schmerzen zu verursachen, Josi aber trotzdem unangenehm zu sein. Josi ließ mich spüren, dass Marions Berührungen sich für sie wie kleine elektrische Schläge anfühlten – so als ob die Energie, die mit Marions Streicheln übertragen wurde, »zu viel« oder »negativ« für Josi war.

»Ich bin sehr traurig, da ich Marion so viel Kummer bereite. Ich sehe ja, dass sie immer wütender und frustrierter wird, wenn sie mich nur sieht. Dabei möchte ich doch nur, dass sie glücklich ist. Aber ich verstehe sie nicht mehr ...«

Wir alle leben in Beziehungsgeflechten zu anderen Menschen und zu unseren Tieren, sogenannten Systemen. Ein System besteht aus Mitgliedern, die sich durch ihre Worte, Emotionen und Handlungen gegenseitig beeinflussen. Jede noch so kleine Veränderung bei einem beeinflusst das Leben aller anderen Mitglieder des Systems/des Haushalts. Die Betrachtung der energetischen Interaktionen kann mir einen präzisen Eindruck über die Qualität von Beziehungen geben.
Zwischen Marion und Josi zeigte sich mir eine sehr starke emotionale Bindung, die durch Marions stärker werdenden Unmut gegenüber Josi und ihre Verzweiflung in der aktuellen Situation belastet war. Josi spürte Marions Stress, energetisch klebte Marion mit ihrer inneren Anspannung regelrecht an Josi.

»Sie beobachtet mich immerzu. Sie läuft hinter mir her, so kenne ich sie gar nicht«, beklagte sich Josi.

Ich bat Josi, mir Hinweise zu geben, weshalb sie nicht mehr auf ihre Toilette gehen mochte.

»Es riecht nicht mehr nach mir. Es stinkt scharf und stechend. Es ist nicht mehr meine Toilette. Und warum habe ich jetzt nur noch eine Toilette? Und warum steht diese jetzt an einem völlig anderen Platz?«

Aus dem ersten Gespräch mit Marion wusste ich, dass sich der eingespielte Tagesablauf durch ihre Pensionierung geändert hatte. Marion war jetzt tagsüber nicht mehr für mehrere Stunden unterwegs, sondern nahezu immer zu Hause. Ändert sich in einem Haushalt der Tagesablauf, der gewohnte Rhythmus, ist das für Katzen eine erhebliche Belastung. Katzen lieben Kontinuität und ihre Gewohnheiten, durch die sie Stabilität und innere Ruhe bekommen.
Marion bestätigte mir, was ich in der Kommunikation mit Josi erfahren hatte: Sie hatte nach ihrer Pensionierung ihre Wohnung umgestaltet und dabei eine der beiden Katzentoiletten entfernt. Da sie nun nicht mehr arbeite und ganztägig zu Hause sei, so Marion, könne sie jederzeit ein Auge auf die eine verbliebene Toilette werfen und diese nach jedem Toilettengang sofort reinigen. Marion erzählte mir, dass sie sogar einen neuen Reiniger

gefunden habe, der den Uringeruch komplett überdecke, ja sogar angenehm zitronig-frisch rieche. Und seitdem Josi unsauber ist, reinige sie die Toilette akribisch und probiere zudem verschiedene Katzenstreu aus.
Unzureichende Hygiene mag zwar einer der maßgeblichen Auslöser sein, weshalb Katzen ihre Toilette ablehnen. Aber auch eine nahezu keimfreie Toilette kann auf wenig Gegenliebe stoßen. Und genau das schien mir in diesem Fall zumindest einer der Gründe für Josis Unsauberkeit zu sein.
Vor Nutzung riechen Katzen intensiv an ihrer Toilette samt Katzenstreu. Es gibt ihnen Sicherheit, dabei ihren eigenen Geruch zu erkennen. Gerüche von scharfen Reinigungsmitteln oder künstlichen Duftstoffen können sie dagegen verunsichern und dazu führen, dass sie die Toilette nicht nutzen.

Verschwende Deine Liebe!

Josi übermittelte mir für Marion diese Botschaft, in der sie zeigte, wie feinfühlig sie die derzeitige Situation wahrnahm.

»Meine liebe Marion.
Danke dafür, dass du den Mut aufbringen konntest, mich auf diese Weise zu dir sprechen zu lassen – ich weiß, dass es dich viel Überwindung gekostet haben muss.
Ich darf deine Liebe jeden Tag spüren. Du möchtest alles perfekt machen, du möchtest perfekt sein und alles tun, damit es mir gut geht. Alles, was irgendwie möglich ist, möglich machen. Du möchtest alles im Griff behalten, und genau das ist es, was dich unglücklich macht. Es kann dich nur unglücklich machen, da sich das Leben nicht im Griff halten lässt.
Du tust alles für mich voller Hingabe und Achtsamkeit, und doch kannst du nicht auf ALLES achten, nicht alle Eventualitäten im Blick haben, nicht alles kontrollieren. Du kannst – in diesem Sinne – das Leben nicht planen. Und solange du an einem einzigen Plan, an dem einzigen Weg zu unserem Glück festhältst – nämlich der Idee, dass wir beide uns genügen und wir nicht mehr brauchen als unsere Zweisamkeit –, verbaust du dir den Blick auf hunderttausend andere Möglichkeiten.

Solange du nur diesen einen Weg verfolgst, kann es in deinem Leben leicht zu Kummer und Frustration kommen. Ich möchte dich darauf aufmerksam machen, dass noch so viel mehr in dir steckt, als deine Tage ausschließlich mit mir zu verbringen. Stehe auf, gehe raus, erlebe etwas. Verschenke deine Liebe auch an andere. Ja, verschwende sie!

Gemeinsam Maßnahmen entwickeln

Im Anschluss an die telepathische Kommunikation mit Josi telefonierte ich erneut mit Marion. Ich hatte eine Liste der aus meiner Sicht notwendigen und ineinandergreifenden Maßnahmen erstellt, die ich mit ihr besprechen wollte.

Der erste einfach umsetzbare Schritt war, Josi wieder eine zweite Toilette zugänglich zu machen und beide Toiletten an ihre ursprünglichen Plätze zu stellen. Auch die jahrelang bewährte Katzenstreu sollte wieder eingesetzt werden.

Der aus meiner Sicht entscheidende Punkt lag aber darin, Marion dafür zu begeistern, eine neue attraktive Aufgabe zu finden, die sie erfüllte und den Fokus von Josi, die derzeit der Nabel ihrer Welt war, ablenkte. Da sie ohnehin vorhatte, sich um vernachlässigte Katzen zu kümmern – ursprünglich, indem sie weitere bei sich aufnahm –, schlug ich ihr vor, sich nach einem Tierheim, einer Tierschutzorganisation oder Ähnlichem in ihrer Nähe umzusehen, um sich dort zu engagieren.

Zunächst fehlte ihr der Mut, diesen Schritt zu gehen. Aber durch ein intensives Coaching und die energetischen Behandlungen, die ich mit ihr über einige Wochen praktizierte, entschloss sie sich, diesen Weg zu gehen.

Heute, einige Monate nach unserem ersten Gespräch, engagiert sich Marion voller Hingabe im Tierschutz und hat durch das bessere Verständnis der Bedürfnisse von Josi sowie die lebendigen Interaktionen gemeinsamen Spielens wieder eine sehr harmonische Beziehung zu Josi aufgebaut. Und die Zeit zum Schmusen ist für beide der tägliche Höhepunkt geworden.

SIE HALTEN DEN SCHLÜSSEL IN IHRER HAND

Durch die Kommunikationen mit Tieren tagtäglich Unerwartetes zu entdecken und Erstaunliches zu lernen, empfinde ich als eines der größten Geschenke meines Lebens. Nichts steht dadurch still: Durch die Einsichten, die die Tiere mir ermöglichen, und die Impulse der Geistigen Welt lerne ich, Problematiken und Lösungsmöglichkeiten immer wieder aus neuen Perspektiven zu betrachten, entwickeln sich die energetischen Methoden, mit denen ich arbeite, permanent weiter.

Dieses Buch habe ich aus dem gleichen Beweggrund geschrieben, wie meine Freundin und »Verbündete« Ellen Hanisch und ich unsere AKADEMIE BRANDT. HANISCH gegründet haben: Wir wünschen uns, Tieren eine uns gleichberechtigte Stimme zu geben und dass es den Tieren, mit denen wir zusammenleben, mit uns gut geht. Die Basis dafür ist unser eigenes Wohlbefinden und das »Klar-sein-mit-sich-selbst«. Was es dafür braucht, ist unter vielem anderen das Wissen um die eigenen Heilkräfte, unsere Intuition und Selbstermächtigung, sie als wichtige Informationsquelle zu nutzen – vollkommen undogmatisch und über den eigenen Tellerrand schauend, nicht einem Entweder-oder, sondern Sowohl-als-auch folgend.

Wenn Sie den Wunsch verspüren, Ihre eigene Intuition und Herzintelligenz neu zu entdecken und zu fördern, und/oder den Wunsch haben, Ihre Katzen besser zu verstehen, kann ich Ihnen nur empfehlen: Tun Sie es. Es wird Ihr Leben in ungeahnter Weise bereichern.

Ich wünsche Ihnen und Ihren Tieren von Herzen alles Gute.
Ihre Helke Brandt

REGISTER

Halbfette Seitenzahlen verweisen auf Fotos

G

H

I

J

K/L

T

U

V

W

Z

ADRESSEN, DIE WEITERHELFEN

Deutscher Tierschutzbund e. V.
In der Raste 10,
53129 Bonn,
www.tierschutzbund.de

Österreichischer Tierschutzverein
Berlagasse 36,
A-1210 Wien,
www.tierschutzverein.at

Schweizer Tierschutz (STS)
Dornacherstraße 101,
CH-4018 Basel,
www.tierschutz.com

Berufsverband für Tierverhaltensberater und -trainer e. V. (VDTT)
Achtern Diek 6,
24576 Bad Bramstedt,
www.vdtt.org

Gesellschaft für Ganzheitliche Tiermedizin e. V. (GGTM)
Mooswaldstraße 7,
79227 Schallstadt,
www.ggtm.de

Gesellschaft für Tierverhaltensmedizin und -therapie e. V (GTVMT)
Hohensasel 16,
22395 Hamburg,
www.gtvmt.de

Tierärztliche Vereinigung für Tierschutz e. V. (TVT)
Geschäftsstelle: Bodelschwinghweg 6,
49191 Belm,
www.tierschutz-tvt.de

Verband Deutscher Tierheilpraktiker e. V., (VDT)
Kottgeiseringerstraße 5,
82299 Türkenfeld,
www.tierheilpraktiker.de

AKADEMIE BRANDT.HANISCH
Emsfort 8 a,
48465 Drievorden,
www.akademie-brandt-hanisch.com

INTERNETADRESSEN

www. animalequality.de (internationale Organisation, die daran arbeitet, die Grausamkeit gegenüber landwirtschaftlich genutzten Tieren zu beenden)

www.peta.de (PETA Deutschland ist landesweit die größte Tierschutzorganisation, die sich für die Rechte der Tiere einsetzt.)

www.change.org (Petitionsplattform für gesellschaftliche Veränderungen)

thefourwinds.com (Alberto Villoldo: Ausbildung zur schamanischen Energiemedizin)

www.pioneersofchange.org (Der gemeinnützige Verein arbeitet nach holokratischen Prinzipien.)

www.carstens-stiftung.de (Die Carstens-Stiftung fördert Wissenschaft und Forschung, den wissenschaftlichen Nachwuchs und die ärztliche Fort- und Weiterbildung auf den Gebieten Naturheilkunde und Komplementärmedizin.)

www.helke-brandt.com (Holistische Kommunikation mit Tieren, Spirit of Trust-Methode®, Systemische Aufstellung mit Tieren und Menschen)

www.tellington-methode.de (Interessensgemeinschaft der Lehrer und Lehrerinnen (Practitioner) des Tellington TTouch® Vereins Deutschland e. V.)

ZEITSCHRIFTEN

Our Cats
Minerva Verlag,
Mönchengladbach,
www.minerva-verlag.de

Geliebte Katze. GeraNova Bruckmann Verlagshaus Gmbh, München, www.geliebte-katze.de

katzen.
Zeitschrift der Deutschen Rassekatzen-Union (DRU), Köln,
www.dru.de

Schweizer Katzen Magazin
gf.medien GmbH,
CH-Meisterschwanden
www.katzenmagazin.ch

LITERATUR UND QUELLEN

Birmelin, Immanuel: **Die geheimnisvolle Nähe von Mensch und Tier.** Gräfe und Unzer Verlag, München

Cooper, Diana: **Die Botschaft der Tiere.** Heyne Verlag, München

Dahlke, Ruediger: **Krankheit als Symbol.** C. Bertelsmann Verlag, München

Dahlke, Ruediger/Baumgartner, Irmgard: **Das Tier als Spiegel der menschlichen Seele.** Goldmann Verlag, München

Dale, Cindi/Molitor, Juliane: **Das große Buch der feinstofflichen Energien: Heilung, Lebenskraft, innere Stärke.** Lotos Verlag

Dispenza, Dr. Joe: **Du bist das Placebo – Bewusstsein wird Materie.** KOHA Verlag, Dorfen

Edwards, Harry: **Praxis der Geistheilung: Spirituelles Heilen verstehen und praktizieren.** Mächler Media, CH-5326 Schwaderloch

Galaxy, Jackson: **Catify to Satisfy.** TarcherPerigee; Illustrated Edition

Gerber, M.D. Richard: **Vibrational Medicine.** William Morrow Paperbacks

Gurney, Carol: **7 Steps to Communicating with Animals.** Dell; Illustrated Edition

Halls, Vicky: **The Complete Cat.** Transworld Digital

Hüther, Gerald: **Bedienungsanleitung für ein menschliches Gehirn.** Vandenhoeck & Ruprecht, Göttingen

Ingermann, Sandra/Roberts, Llyn: **Wie uns Bäume, Tiere und Pflanzen in unsere innerste Kraft führen.** Ansata Verlag, München

Kelsey, Anita: **Let's Talk About Cats: Conversations On Feline Behaviour.** KiZa

Klügl, Gerhard: **Aurachirurgie.** Goldmann Verlag, München

Kunz, Dora/Karagulla, Dr. med. Shafica: **Chakras im Heilungsprozess.** Aquamarin Verlag, Grafing bei München

Levine, Peter A.: **Vom Trauma befreien – Wie Sie seelische und körperliche Blockaden lösen.** Kösel-Verlag, München

Leyhausen, Paul: **Katzenseele: Wesen und Sozialverhalten.** Franckh-Kosmos Verlag, Stuttgart

Lipton, Bruce: **Intelligente Zellen.** KOHA Verlag, Dorfen

Limmer, Stefan: **Schamanische Krankheitsdeutung: Die Seelenbotschaft verstehen, Heilungswege finden.** Gräfe und Unzer Verlag, München

Morris, Desmond: **Catwatching.** Heyne Verlag, München

Nelson, Bradly: **Der Emotionscode.** VAK Verlag, Kirchzarten

Precht, Richard David: **Tiere denken: Vom Recht der Tiere und den Grenzen des Menschen.** Goldmann Verlag, München

Schul, Bill: **PSI bei Tieren: Die unglaublichen Fähigkeiten in der Tierwelt.** Aquamarin Verlag, Grafing bei München

Shotola, Kim: **The Soul Watchers: Animals' Quest to Awaken Humanity.** The Lightfoot Way

Smith, Penelope: **Tiere erzählen vom Tod.** Reichel Verlag, St. Goar

Tellington-Jones, Linda: **TTouch für Katzen.** Franckh-Kosmos Verlag, Stuttgart

Villoldo, Alberto: **Das geheime Wissen der Schamanen.** Goldmann Verlag, München

Williams, Marta: **Lautlose Sprache: Intuitive Kommunikation mit Tieren und Natur.** Reichel Verlag, St. Goar

Warnke, Ulrich: **Quantenphilosophie und Spiritualität: Wie unser Wille Gesundheit und Wohlbefinden steuert.** Goldmann Verlag, München

DANK

Für ihre Unterstützung während des Buch-Schaffens bedanke ich mich herzlichst bei Ellen Hanisch, Dr. Vera Karpfl, Carmen Fischer, Laura Dervari und Stefan Mau, Dr. Sonja Brandt-Michael, Ulrike Eschbaumer, Roman Thomas.

Helke Brandt war am 12.11.21 in der NDR Talkshow bei Barbara Schöneberger zu Gast. Ihre Fähigkeiten, mit Tieren wortlos und intuitiv zu kommunizieren, sind ihr bereits in die Wiege gelegt worden: Als Tochter eines Tierarztes ist Helke Brandt mitten im Zoo Hannover aufgewachsen. Mit einem Jaguarbaby auf dem Schoß Klavier zu spielen, mit einem jungen Bären in der Badewanne zu liegen und zu spielen, war ganz normal. Seit Jahrzehnten beschäftigt sich Helke Brandt mit unterschiedlichsten Kommunikationsformen: als diplomierte Kommunikationsdesignerin, systemischer Coach, psychoanalytische Kunsttherapeutin, als Tierkommunikatorin und energetische Heilerin. Sie ist gefragter Coach für Heimtierbesitzer, hält Vorträge, gibt Workshops und Ausbildungen rund um das Thema Tierkommunikation und Bewusstseinserweiterung. Anfang 2023 gründete sie zusammen mit Ellen Hanisch die AKADEMIE BRANDT.HANISCH (→ Adressen, Seite 188).

DIE WERDEN SIE AUCH LIEBEN.

ISBN 978-3-8338-5220-6

ISBN 978-3-8338-2875-1

ISBN 978-3-8338-4147-7

ISBN 978-3-8338-7125-2

ISBN 978-3-8338-2410-4

ISBN 978-3-8338-5921-2

e Auch als eBook erhältlich.

GU

Mehr von GU auf **gu.de** | **gu.verlag** | **gu.verlag**

G|U QUALITÄTS GARANTIE

LIEBE LESERINNEN UND LESER,

wir wollen Ihnen mit diesem Buch Informationen und Anregungen geben, um Ihnen das Leben zu erleichtern oder Sie zu inspirieren, Neues auszuprobieren. Wir achten bei der Erstellung unserer Bücher auf Aktualität und stellen höchste Ansprüche an Inhalt und Gestaltung. Alle Anleitungen und Rezepte werden von unseren Autoren, jeweils Experten auf ihren Gebieten, gewissenhaft erstellt und von unseren Redakteur*innen mit größter Sorgfalt ausgewählt und geprüft.

Haben wir Ihre Erwartungen erfüllt? Sind Sie mit diesem Buch und seinen Inhalten zufrieden? Wir freuen uns auf Ihre Rückmeldung. Und wir freuen uns, wenn Sie diesen Titel weiterempfehlen, in Ihrem Freundeskreis oder bei Ihrem Online-Kauf.

Sollten wir Ihre Erwartungen so gar nicht erfüllt haben, tauschen wir Ihnen Ihr Buch jederzeit gegen ein gleichwertiges zum gleichen oder ähnlichen Thema um.

KONTAKT ZUM LESERSERVICE

GRÄFE UND UNZER VERLAG
Grillparzerstraße 12
81675 München
www.gu.de

GRÄFE UND UNZER

Ein Unternehmen der GANSKE VERLAGSGRUPPE

IMPRESSUM

© 2023 GRÄFE UND UNZER VERLAG GmbH, Postfach 860366, 81630 München

G|U

GU ist eine eingetragene Marke der GRÄFE UND UNZER VERLAG GmbH, www.gu.de

ISBN 978-3-8338-8789-5
2. Auflage 2024

Alle Rechte vorbehalten. Nachdruck, auch auszugsweise, sowie Verbreitung durch Bild, Funk, Fernsehen und Internet, durch fotomechanische Wiedergabe, Tonträger und Datenverarbeitungssysteme jeder Art nur mit schriftlicher Genehmigung des Verlages.

Projektleitung: Lisa Seibel, Anita Zellner
Lektorat: Gabriele Linke-Grün
Bildredaktion: Petra Ender, Natascha Klebl (Cover)
Korrektorat: Annette Baldszuhn
Umschlaggestaltung & Layout: ki36 Editorial Design, München, Bettina Stickel
Herstellung: Susanne Fuhrmann
Satz: Ludger Vorfeld
Reproduktion: Longo AG, Bozen
Druck & Bindung: Drukarnia Dimograf, Polen

UMWELTHINWEIS

Dieses Buch ist auf PEFC-zertifiziertem Papier gedruckt. Somit werden ökologische, soziale und ökonomische Aspekte in der Verarbeitungskette unabhängig überwacht und sind zudem lückenlos nachvollziehbar.

BILDNACHWEIS

Cover: Trio Bildarchiv/Ria Putzker
Fotos: Getty Images: 20, 25, 27, 28, 31-1, 31-4, 34, 42, 46, 60, 61, 62, 66, 68, 70, 71, 76; Oliver Giel: 19, 40, 114, 121, 123, 159, 167-2, 167-3, 167-4; iStock: 2-3, 36, 37, 48, 63, 69, 72, 74, 77, 78, 79, 84-85, 8, 87, 88, 89, 91-1, 91-2, 93, 96, 97, 98, 102, 103, 104, 110-111, 112, 115, 116, 117, 119, 120, 122, 126, 127, 128, 129, 138, 141, 142, 143, 149, 150, 151, 164, 165, 167-1, 168, 171, 172, 175; privat: 11; Shutterstock: 18, 29, 31-2, 39, 56-57, 65-1, 94, 125, 152, 162; Julia Steinigeweg: 8, 12, 14, 23, 182, 190, U4; Trio Bildarchiv: 16-17, 31-3, 32, 33, 38, 44, 45, 58, 59, 101, 118, 136-137, 145, 147, 148, 160.
Illustrationen: Nadia Gasmi, Shutterstock

Syndication:
www.seasons.agency

WICHTIGER HINWEIS

Die Gedanken, Methoden und Tipps in diesem Buch basieren auf den Erfahrungen der Verfasserin. Sie wurden von ihr nach bestem Wissen erstellt und mit größtmöglicher Sorgfalt geprüft. Weder Autorin noch Verlag können jedoch für eventuelle Nachteile oder Schäden, die aus den im Buch gegebenen praktischen Hinweisen resultieren, eine Haftung übernehmen.